빛깔있는 책들 102-48

소쇄원

글/정재훈 ● 사진/김대벽

대원사

정재훈 ──────────────

단국대학교 상과와 한양대학교 환경대학원 조경학과를 졸업하고 문화재관리국장, 문화체육부 생활문화국장을 역임했다. 문화재위원이며 현재 한국전통문화학교 석좌교수로 있다. 저서로는 『한국의 전통 원』, 『한국의 옛조경』, 『보길도 부용동원림』 등이 있고 공저로 『동양조경사』, 『북한의 문화유산』이 있으며 논문으로 「창덕궁 후원에 대하여」, 「신라 궁원지인 안압지에 대하여」 등 다수가 있다.

김대벽 ──────────────

함경북도 행영 출생으로 해라시아 문화연구소 연구원이며 한국사진작가협회 자문위원으로 활동하고 있다. 주요 작품으로는 『한국 가면 및 가면극』, 『문화재대관(무형문화재편, 민속자료편)』 등 중요민속자료 다수를 전담 촬영하였다.

소쇄원

소쇄원

원의 입구

머리말

　양산보가 스승 조광조의 귀양과 사사(賜死)로 인해 세상을 등지고 고향인 담양에 정착해 소쇄원(瀟灑園)을 조영하기 시작한 이후 470여 년의 세월이 흘렀다. 그동안 이곳에도 많은 역사의 흔적들이 스치고 지나갔다. 그러나 오늘날까지 소쇄원은 자연적 인위적인 변화를 거치면서도 변하지 않은 것이 있는데, 그것은 바로 양산보가 후손들에게 내린 유훈이다. '남에게 팔거나 어느 한 사람의 소유가 되지 않도록 하라'는 양산보의 유훈은 후손들에게 가훈으로 착실하게 이어져 왔고, 소쇄원에 대한 후손들의 보존 노력은 빛을 발해 1983년 사적 제304호로 지정되었다.

　원래 있었던 자연 경관에다 여러 대에 걸쳐 조영을 하여 만들어진 한국의 대표적인 별서(別墅)인 소쇄원에는 계절마다 다른 빛으로 다가오는 아름다운 자연 경관이 있다. 생황(笙簧)을 연주하는 것 같은 대숲의 바람소리와 청아한 선비의 거문고 소리 들리던 곳, 꽃은 피어 무릉도원을 연상케 하고, 흐르는 물가에 앉아 한 잔 술을 권하며, 삼복엔 옷을 훌훌 벗고 폭포수에서 목욕을 하고 나면 모든 티끌이 씻어지는 원림(園林)이었던 소쇄원은 지금도 선비 정신의 현장으로서 중요한 의미를 지니고 있다.

이 밖에 당대 선비들의 시문(詩文)의 산실이기도 한 소쇄원은 자연의 공간 속에 담 하나 둘러치면 자연의 수림(樹林)도 원림이 되는 한국 조경의 특성을 잘 보여 주고 있다. 소쇄원에는 계류(溪流)를 중심으로 한 거대한 암반과 양쪽 언덕에 세운 정자 등 건축물과 화계, 연못, 담장, 보도, 위교(危橋), 석가산, 화목, 조류, 시와 글씨로 꾸민 운치 있는 토석담이 병풍처럼 둘러서 있다.

이런 조경 요소들과 건축물들로 인해 수많은 선비들의 교우처이기도 했던 소쇄원은 선비들에게 있어 수학의 공간이자 유희의 공간이며, 때로는 사색의 공간이 되기도 하였다.

어지러운 세상을 등지고 앉은 선비의 고고한 정신이 곳곳에 깃들어 있는 소쇄원에는 내부 공간과 경관이 주는 감흥을 발산한 시들이 많이 전해 온다. 그 대표적인 것이 김인후가 쓴 소쇄원의 「사십팔영(四十八詠)」이다. 또한 목판으로 새겨진 「소쇄원도(瀟灑園圖)」가 전해지고 있어 조영되었던 당시의 상황을 추측해볼 수 있다.

여기에서는 「사십팔영」과 「소쇄원도」 그리고 『소쇄원 시선(瀟灑園詩選)』 등 소쇄원과 직·간접으로 관련된 문헌들을 통해서 소쇄원의 아름다운 풍광과 그 속에 들어 있는 선비 정신에 대해 살펴보고자 한다.

조성 시기 및 배경

　소쇄원을 조성한 사람은 양산보(梁山甫, 1503~1557년)이다. 양산보의 본관은 제주이고 자는 언진(彦鎭)이다. 연산군 9년(1503), 양사원(梁泗源)의 세 아들 가운데 장남으로 태어났다. 부친의 호가 창암(蒼巖)이라 하여 소쇄원이 있는 마을을 창암촌(蒼巖村)이라 하였다.

　양산보는 어릴 때 조광조(趙光祖, 1482~1519년)의 문하에서 글을 배웠다. 아버지 창암공이 양산보가 열다섯 살 되던 해에 서울의 조광조에게 아들을 데리고 가서 그 문하에 들게 하였던 것이다. 조광조는 양산보를 기특하게 여겨 쾌히 승낙하고 양산보에게 『소학(小學)』책을 주면서 공부하게 하였다. 그때 성수침(成守琛, 1493~1564년), 성수종(成守琮, 1495~1533년) 형제가 같이 입학하였다. 그래서 이들과 친하게 지냈다.

　양산보는 2년 뒤 시행한 현량과(賢良科)에 응시하여 합격하고도 합격자의 수가 너무 많다는 이유로 선고관(選考官)이 수를 줄여 뽑는 바람에 발표 과정에서 이름이 삭제되었고 그해(1519년) 겨울에 기묘사화(己卯士禍)가 일어났다. 당시 조광조는 신진사류(新進士類)들과 함께 왕도 정치(王道政治)를 구현하고자 정치 개혁을 단행하다가 훈구파(勳

舊派)인 남곤(南袞), 심정(沈貞), 홍경주(洪景舟) 일파에 몰리어 능주로 유배되었다. 이때 양산보는 귀양가는 스승을 모시고 낙향하였으나 조광조가 유배지에서 사약을 받고 세상을 뜨자 큰 충격을 받고 관직의 무상함을 깨달았다. 그리하여 세속적인 출세를 단념하고 고향으로 돌아와 자연에 숨어 살기를 결심하고 창암촌의 산기슭 계간(溪澗)에 소쇄원을 꾸몄다. 소쇄원의 '소쇄(瀟灑)'라는 말은 원래 공덕장(孔德璋)이 쓴 『북산이문(北山移文)』에 나오는 말로 '상쾌하고 맑고 깨끗하다'는 뜻이다.

1731년에 간행된 『소쇄원사실(瀟灑園事實)』에 의하면 소쇄원이 조성된 창암촌은 양산보의 고모부인 조억창(曺億創)이 살고 있었는데, 광주의 창교(滄橋)에 살던 창암공이 매부를 따라 이곳으로 옮기게 된 것이라 한다.

양산보가 창암촌으로 돌아온 시기는 열여덟 살 때(1520년)인데 창암촌으로 돌아온 즉시 소쇄원을 조성하기 시작한 것은 아니다.

'소쇄원의 초정'에 대한 기록으로 제일 빠른 시기의 것은 송순(宋純, 1493~1583년)의 『면앙집(俛仰集)』 1권에 수록된 「외제양언진 소쇄정 사수 가정 갑오(外弟梁彦鎭瀟灑亭四首嘉靖甲午)」라는 시이다. 이 시를 쓴 해가 가정 갑오년으로 1534년이 되는데 여기에 소쇄원의 각(閣), 정(亭), 헌(軒), 지(池)의 조원(造園) 구조물과 대나무, 벽오동, 매화나무 등이 나타나고 있다. 또 『면앙집』의 연보 임인년(1542년, 송순의 나이 50세) 조에 보면 "송순이 양산보를 위해 소쇄원의 공사를 도왔다(爲外弟梁公山甫助築瀟灑園)"라는 기록이 있다. 이를 보면 양산보의 소쇄원 조성 공사는 1542년에도 계속되고 있었음을 알 수 있다.

소쇄원의 조성 연대를 상고함에 있어서 가장 중요한 자료가 되는 시 「외제양언진 소쇄정 사수 가정 갑오」를 다음에 옮겨 본다.

작은집 영롱하게 지어져 있어
앉아 보니 숨어살 마음이 생긴다.
연못의 물고기는 대나무 그늘에서 노닐고
오동(梧桐)나무 밑으로는 폭포가 쏟아지네.
사랑스런 돌길을 바삐 돌아 걸으며
가련한 매화 보고 나도 몰래 한숨 지어
숨어 사는 깊은 뜻을 알고 싶어서
날지 않는 새집을 들여다보네.
小閣玲瓏起　　坐來生隱心
池魚依竹影　　山瀑瀉梧陰
愛石頻回步　　憐梅累送吟
欲知幽意熟　　看取近床禽

비탈따라 길 하나가 트여 있고
계간의 사립문은 두 짝으로 닫혀 있네.
돌은 늙었는데 이끼가 깔려 있고
대숲으로 둘러싸인 정자는 깊어 보여
신선한 바람은 정자에 가득하나
계간에 걸린 다리엔 사람은 드물구나.
나 홀로 적적하게 꽃을 보고 있노라니
한가로운 구름 아래 석양은 푸르러라.
森崖開一逕　　臨澗閉雙扉
石老苔平鋪　　亭深竹亂圍
風來高枕滿　　人到小橋稀
寂寂看花處　　閑雲下翠微

우연히 방호(선경)의 경계에 들어오니
무단히 속세의 마음이 씻겨진다.
시내는 두 섬돌을 감돌아 울리고
대나무는 한 담장에 그늘을 덮었다.
깨끗한 땅에다가 침도 하마 못 뱉겠고
마루는 유현하여 노래가 절로 난다.
먼지 긴 관을 털기도 전에
높은 나무에서 새가 조롱을 한다.

偶入方壺境　　無端洗俗心
溪圍雙砌響　　竹覆一墻陰
地淨寧容唾　　軒幽可着吟
塵冠彈未了　　高樹有嘲禽

세고(世故) 때문에 좋은 약속 어기어
새봄이 다 지나서 사립문을 두드렸네.
담소를 하면서 작은 회포 풀어보고
쌓이고 쌓인 수심 깨트려 본다.
속세를 멀리하고 티끌 없는 이곳에는
마음만 한가하고 할 일은 많지 않네.
시냇가에 홀로 나와 달 뜨기를 기다리니
구름 밖의 저문 종이 은은히 들려온다.

世故違芳約　　經春始叩扉
笑談開寸抱　　愁恨破重圍
境遠塵常絶　　心閑事亦稀
臨溪仍待月　　雲外暮鍾微

소쇄원 초정 소쇄원을 대표하는 정자인 초정은 1536년 정철이 태어나던 해에 지어졌다가 1985년 위교, 외나무다리와 함께 복원되었다.

이 시의 작자인 송순은 신평(新平) 사람으로 호는 면앙정(俛仰亭), 시호는 숙정이며 개성부 유수를 거쳐 1550년 이조 참판이 되었다. 죄인의 자제를 기용하였다는 이유로 탄핵을 받아 유배되었다. 1569년 대사헌과 한성부 판윤이 되었으며, 우참찬에 이르렀다. 담양의 제월봉 아래에 석림정사(石林精舍)와 면앙정을 지었으며, 가사 문학의 대가로 많은 명작을 남겼다.

양산보의 아버지 창암공은 병조 참판 송복천(宋福川)의 딸과 결혼하였는데 송순은 송복천의 손자가 되므로 송순과 양산보는 내외종 형제가 된다. 조원에 안목이 높았던 송순은 이런 관계 때문인지 양산보의 소쇄원 조성에 관심을 기울여 도와주기도 했다.

정철(鄭澈, 1536~1593년)의 시 「소쇄원제초정(瀟灑園題草亭)」을 보면 그가 태어나던 해에 소쇄원에 초정(草亭)을 지었던 사실을 알 수 있다. 정철의 시를 옮겨 본다.

내가 태어나던 해에 이 정자를 세워
사람이 오고 가고 40년이 되었네.
시냇물은 서늘히 벽오동 아래로 흐르고
손님이 와서 취해도 깨지를 않네.
我生之歲立斯亭　人去人存四十齡
溪水冷冷碧梧下　客來須醉不須醒

그 다음으로 하서 김인후(金麟厚, 1510~1560년)가 1538년에 쓴 「소쇄원즉사(瀟灑園卽事)」에 소쇄정에 대한 기사가 나온다.

김인후는 집이 있던 장성에서 화순에 있던 최산두(崔山斗) 선생에게 글을 배우러 다닐 때 늘 소쇄원에서 쉬어갔다. 그는 김안국(金安國)의 제자로서 성균관에 들어가 이황(李滉)과 함께 학문을 닦고 1540년(중종 35) 별시 문과에 급제하여 승문원(承文院) 정자(正字)에 등용되었다가 사가독서(賜暇讀書, 유능한 젊은 문신들을 뽑아 휴가를 주어 독서당에서 공부하게 하던 일)를 했다. 후에 박사 설서(說書) 부수찬을 거쳐 부모를 부양하기 위해 옥과(玉果) 현령으로 나갔다. 명종(明宗)이 즉위하는 과정에서 1545년 을사사화(乙巳士禍)가 일어나자 그 다음 해에 고향 장성으로 돌아와 성리학 연구에 정진하였다.

김인후는 성경(誠敬)의 실천을 학문의 목표로 삼았다. 이항(李恒)의 이기일물설(理氣一物說)을 반대하여 이기(理氣)는 혼합해 있는 것이라고 주장했으며 천문, 지리, 의약, 산수, 율력에도 능통하였다.

소쇄원의 경관을 자세하게 표현한 시는 「사십팔영」이다. 이 시는 김인후가 서른아홉 되던 1548년에 쓴 것이다. 1755년에 판각된 「소쇄원도」는 소쇄원의 사십팔영을 그대로 표현하고 있는데, 「사십팔영」은 소쇄원의 완성을 표현한 시이다.

김인후는 특히 당나라 이덕유(李德裕, 787~849년)가 꾸몄던 평천장(平泉莊)을 상고(相考)한 조원을 한양에다 꾸미고 원의 이름도 평천장이라 하였다. 김인후는 이와 같이 조원에 대해서도 전문적인 식견이 있었던 듯하며 송순과 더불어 양산보가 소쇄원을 조성하는 데 도움을 주었던 것으로 보인다. 양산보의 둘째아들 자징(子澂)과 김인후의 딸이 혼인하여 두 사람은 사돈 관계를 맺었다.

이러한 사실들을 종합해 보면 소쇄원 조성은 1534년 무렵부터 시작되어 1542년까지 계속되었던 것이 분명하다. 다시 말해서 양산보가 서른 살이 되었을 때 소쇄원 조성을 시작하여 서른아홉 살이 되었을 때 거의 완성되었다. 「사십팔영」은 소쇄원이 완성되고 난 뒤에 쓰여진 것이다.

양산보는 자제들에게 "소쇄원은 어느 언덕이나 골짜기를 막론하고 내 발자국이 남겨지지 않은 곳이 없으니 평천장의 고사(故事)에 따라

이 동산을 남에게 팔거나 후손 가운데 어느 한 사람의 소유가 되지 않도록 하라"고 경고하였다고 한다. 양산보는 소쇄원을 조성한 다음 바깥세상을 등지고 스스로 호를 소쇄옹(瀟灑翁)이라 부르며 뜻 맞는 사람들과 교우하기를 즐겼다.

그는 또한 『소학』을 모든 학문의 기초로 삼았고 다음으로 사서(四書)와 오경(五經)을 항상 책상 옆에 두고 공부하였다. 그 가운데서도 역학(易學)을 깊이 연구하여, 천지만물의 강약과 그 발전 과정을 깊이 있게 설파하여 많은 사람들이 소쇄원에 모여들어 경청하였다. 하서 김인후는 "깊은 사색은 잠시도 그침이 없고 이치를 깨침은 '연비어약(鳶飛魚躍)'의 경지에 들었다"고 하였다. 연비어약이란 『시경(詩經)』에 나오는 말로서, 솔개가 하늘을 하는 것이나 물고기가 못에서 뛰는 것이 모두 자연스러운 도의 작용으로서, 군자의 덕화가 널리 미침을 의미한다. 양산보는 스물다섯 살 때 부인 광산 김씨를 사별하였는데 모든 사람들이 재취할 것을 권하였으나 새로 장가들지 않고 살다가 1557년 3월 소쇄원의 안방에서 쉰다섯으로 세상을 떠났다. 그뒤로도 소쇄원의 증설과 보수 관리는 계속되었다.

장남 자홍(子洪)은 일찍 죽고 둘째아들 자징은 호가 고암(鼓巖)인데 현감 벼슬을 하였고 김인후의 사위이다. 퇴계 문하에서 수학하였으며 또한 율곡 이이(李珥)와 우계 성혼(成渾)에게도 글을 배웠다. 뒤에 송시열(宋時烈, 1607~1689년)이 고암의 행장(行狀, 사람이 죽은 다음에 그의 일생의 행적을 적은 글)을 썼다. 「소쇄원도」를 보면 광풍각 옆 산자락에 고암정사(鼓巖精舍)가 건립되어 있다.

셋째아들의 이름은 자정(子淳)으로 교도(教導) 벼슬을 하였다. 1574년 고경명(高敬命, 1533~1592년)이 '부훤당(負暄堂) 주인 자정'을 만나는 기록이 『유서석록(遊瑞石錄)』에 나타나 있으며 이로 인해 고암정사와 부훤당이 1570년경에 소쇄원 내에 건립되었던 것을 알 수 있다.

『유서석록』은 고경명이 1574년 4월 20일부터 24일까지 광주 목사 임훈과 함께 무등산을 유람하면서 쓴 기행문으로 23일 소쇄원에 들른 일이 상세하게 기록되어 있다. 그는 소쇄원의 아름다운 경치를 실감나게 표현하였다.

소쇄원은 1597년 정유재란 때 모든 건물이 불타서 흙담은 무너지고 원내는 가시덩굴로 뒤덮여 쑥대밭이 되었다. 폐허가 된 소쇄원을 다시 복구한 것은 사헌부 감찰을 지낸 양천운(梁千運, 1568~1637년) 이다. 양천운은 양산보의 둘째아들 자징의 셋째아들로 양산보의 손자이다.

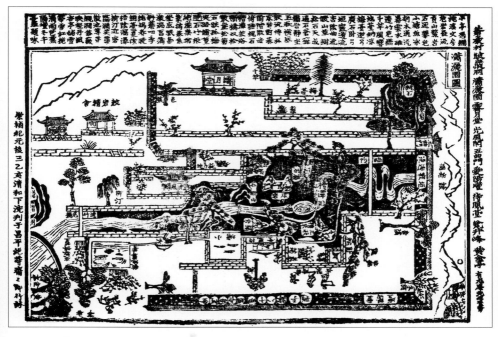

「소쇄원도」 1755년 목판으로 판각된 「소쇄원도」는 소쇄원의 「사십팔영」을 그대로 표현하고 있으며 소쇄원의 원형을 상고하는 데 중요한 자료가 된다.

양천운이 쓴 「소쇄원 계당(溪堂) 중수(重修) 상량문」이 『소쇄원사실』에 수록되어 있는데, '침계문방이라 불리는 광풍각이 1597년 정유재란에 불타서 1614년 4월에 중수하였다'라고 주를 달았다. 이를 보면 소쇄원의 파괴된 상태를 상세하게 알 수 있으며, 1614년에 소쇄원을 다시 조성하다시피 한 것을 알 수 있다.

「소쇄원도」는 1755년 목판으로 판각된 것인데 소쇄원의 원형을 상고하는 데 중요한 자료가 된다. 「사십팔영」이 지어진 1548년과 「소쇄원도」가 판각된 1755년 사이에는 200여 년이란 차이가 난다. 그러나 「소쇄원도」는 「사십팔영」을 그대로 전하고 있어서 1570년대 고암정사와 부훤당이 건립되고 얼마 후에 「소쇄원도」가 그려졌던 것으로 추정하기도 한다. 이러한 사실을 입증하는 것으로 양산보의 4대손 양진태(梁晉泰, 1657~1712년)가 배경회(裵慶會)에게 「소쇄원도」를 보낸 기록이 『소쇄원사실』에 수록되어 있다.

소쇄원의 건물과 담장, 다리 등은 계속해서 수리되었고 원림(園林) 또한 보식(補植)하는 것을 피할 수 없게 되었으며 대봉대(待鳳臺)의 초정과 위교(危橋), 외나무다리는 1985년에 다시 복원한 것이다.

원에 담긴 사상

　소쇄원 조영에는 조선의 선비 정신이 담겨 있다. 조선의 선비들은 학문적 이상과 현실 정치 사이에서 때로는 갈등하고 때로는 좌절하였다. 그리하여 주자(朱子)가 1183년 중국 복건성(福建省) 숭안현(崇安縣) 무이산(武夷山) 계곡 무이구곡(武夷九曲)에 무이정사(武夷精舍)를 짓고 자연에 은둔한 행적을 따라 조선의 성리학자들은 자연의 경승지를 찾아 초야에 은둔하였다.

　이 무이구곡의 아름다운 경승을 노래한 시가「무이도가(武夷櫂歌)」인데 조선의 선비들은 이「무이도가」를 애송하면서 주자의 무이구곡을 이상향으로 동경하였다.

　양산보는 기묘사화로 인해 스승 조광조의 죽음을 경험하면서 현실에 좌절하게 된다. 따라서 현실에서 느낀 좌절감을 창암촌의 아름다운 자연에 의탁하여 시문을 짓고 대의(大義)를 지키며 절개를 세우고자 했다. 양산보의 손자 양천운은「소쇄원 계당 중수 상량문」에서 소쇄원이 무이구곡과 같다고 하였다. 양산보는 왕도 정치를 이상으로 하는 지치주의(至治主義) 정치를 실현하고자 했던 신진사류의 영수(領袖)인 조광조의 문하에서 열다섯 살부터 열일곱 살 때까지 수학한 가장 젊은 선

소쇄원의 자연 경관 소쇄원은 현실에서 느낀 좌절감을 아름다운 자연에 의탁하여 시문을 짓고 대의를 지키며 절개를 지키고자 한 의도에서 조영된 것이다.

비였다.

조광조는 성리학을 정치와 교화의 근본으로 삼아 유학적 이상 국가를 실현하고자 개혁에 앞장섰던 선비였다. 그는 1515년 성균관 유생 200명의 추천으로 관직에 올랐고 문과에 급제한 다음 서른일곱 살에 대사헌에 이르렀으며 왕의 신임도 두터웠다. 그는 또한 이상적 도학 정치를 실현함에 있어 정(正)과 선(善)을 근본으로 지배 계층의 사리사욕을 인정하지 않고 의(義)와 공(公)에 입각한 애민(愛民), 위민(爲民), 이민(利民) 정신을 실천하고자 하였으며 "선비야말로 의와 공을 실천하는 주체이자 멸사봉공의 모범을 보이는 나라의 원기(元氣)"라 하였다.

그러나 조광조의 개혁은 너무 급진적이었고 과격하게 추진되었다. 반정공신들의 위훈(僞勳)을 삭제하는 등 기득권 세력에게 위협을 가하였다. 중종(中宗) 또한 조광조의 과격한 개혁을 달가워하지 않던 차에 훈구파의 홍경주, 남곤, 심정 등이 왕에게 조광조를 간교하게 무고하기도 하고 탄핵하자 신진사류인 조광조, 김정, 김구, 김식, 윤자임, 박세희 등을 투옥하였다.

조광조는 김정, 김식, 김구와 함께 사사의 명을 받았으나 영의정 정광필(鄭光弼)의 간곡한 비호(庇護)로 능주에 유배되었다. 그뒤 훈구파의 김전, 남곤, 이유청이 각각 영의정, 좌의정, 우의정에 임명되자 조광조는 이들에 의해 1519년 12월 바로 사사되었다.

이황(李滉)은 조광조에 대해 "옛사람들은 반드시 학문이 이루어진 뒤에나 이론을 실천하였는데, 이론을 실천하는 요점은 왕의 잘못된 정책을 시정하는 데 있었다. 그런데 그는 어질고 밝은 자질과 나라 다스릴 재주를 타고났음에도 불구하고 학문이 채 이루어지기 전에 정치 일선에 나간 결과 위로는 왕의 잘못을 시정하지 못하고 아래로는 구세력의 비방도 막지 못하고 말았다"라고 하였다.

그러나 조광조의 도학 정치는 조선 사회를 유학적 사회로 개혁하는 근본이 되었다. 그가 능주로 유배를 떠나는 날 성균관의 유생 1,000명이 광화문에 모여 그의 무죄를 왕에게 호소하였다. 조광조는 비록 훈구파 세력에 의해 서른일곱 살이라는 젊은 나이로 죽었으나 그의 개혁 정신은 조선 선비의 정신 속에 면면히 이어져 내려왔다.

소쇄원도 도학 정치의 개혁 정신이 이어져 내려오는 장소 가운데 하나이다. 『소쇄원사실』권2(卷二)「처사공실기」를 보면 양산보는 평소 도연명(陶淵明, 365~427년)을 흠모하여「귀거래사(歸去來辭)」와「오류선생전(五柳先生傳)」을 즐겨 읽고 중국 고대의 지리서 『산해경(山海經)』을 탐독했으며 북송 초기 성리학의 선구자 주돈이(周敦頤, 1017~1073년)를 존경하여 『통서(通書)』와 『애련설(愛蓮說)』, 『태극도설(太極圖說)』을 항시 글방 좌우에 간직하고 있었다 한다.

동진(東晉)의 대표적 시인 도연명은 젊어서부터 큰 포부를 가졌고 박학능문했으며 「오류선생전」에서 보듯 자연 속에 묻혀 자기 본성에 맞는 세계를 찾고자 하였다. 양산보가 「귀거래사」와 「오류선생전」을 즐겨 읽은 것은 도연명과 같은 인생관을 가지고 자연에 의탁하여 절개 있는 삶을 살고자 함이었다.

도연명의 시 「독산해경(讀山海經)」에는 조용히 방안에 앉아 전설적인 지리지 『목천자전(穆天子傳)』과 『산해경』을 읽으며 불가사의한 신비의 땅을 좇아 공상 속을 달려본다는 내용이 있다. 여기에는 농촌에서

원 안의 낙락장송(오른쪽)

광풍각 성리학자 주돈이의 행동 양식을 따르고자 이름지어진 광풍각에는 조선의 선비 정신이 담겨 있다. (옆면)

농사짓고 틈틈이 독서하며 자족하는 즐거움이 잘 드러나 있다.

또 주돈이의 『애련설』은 국화를 은자의 꽃으로, 모란을 부귀의 꽃으로 비유한 반면 연꽃을 군자의 꽃(蓮花之君子者)이라 언급하고 있다. 이 말은 진흙 속에 살면서도 깨끗하고 맑은 향을 가진 연꽃처럼 고결한 선비의 기질을 찾자는 것이다.

송대(宋代) 성리학의 뛰어난 논문(論文)으로 꼽히는 『태극도설』에서는 태극이 천지만물을 생성하는 근본이며 태극에서 음양과 오행이 생겨나고 거기서 다시 만물이 생겨난다고 하였다. 양산보는 성리학자 주돈이의 이러한 철학적 논리에 감응(感應)하였다.

소쇄원의 건물 가운데 광풍각(光風閣)과 제월당(霽月堂)이 있는데 이 이름은 송의 황정견(黃庭堅, 1045~1105년)이 주돈이의 인물됨을 평할 때 '가슴에 품은 뜻의 맑고 밝음이 마치 비 갠 뒤 해가 뜨며 부는 청량한 바람과도 같고 비 갠 하늘의 상쾌한 달빛과도 같네(胸懷灑落, 如光風霽月)'라고 한 말에서 따온 것이다. 이러한 것은 모두 양산보가 성리학자이기 때문에 송의 성리학자들을 흠모하고 그들의 행동 양식을 따르고자 한 데서 비롯되었다.

우리는 이렇듯 소쇄원에 담겨 있는 조선의 선비 정신과 그들의 생활 양식을 살펴볼 필요가 있다.

공자(孔子)는 선비의 생활 지침과 관련하여 "군자는 의리에 밝고 소인은 이익에 밝다. 지사(志士)는 살기 위해 인(仁)을 해치지 않고 죽음으로써 인을 이룬다"라고 하였다.

조광조는 "무릇 자신을 돌보지 않고 오직 나라를 위하여 도모하며 일을 당해서는 과감히 실행하고 환난을 헤아리지 않는 것이 바른 선비의 태도이다"라고 하였다.

퇴계 이황은 "선비는 필부(匹夫)로서 천자와 벗하여도 참람(僭濫)하지 않고 왕이나 공경(公卿, 삼공과 구경)으로서 빈곤한 선비에게 몸을 굽히더라도 욕되지 않으니 그것은 선비가 귀하게 여겨지고 공경될 까닭이요, 절의(節義)의 명칭이 성립되는 까닭이다"라고 하였다. 또 "선비는 예법과 의리의 바탕이며 원기(元氣)가 깃든 자리이다"라고 하여 선비를 예법과 의리의 주체이고 사회적 생명력의 원천으로 보았다. 또한 선비를 신분적 존재를 훨씬 넘어선 하나의 생명력이요, 의리 정신의 담당자로 여겼다.

율곡 이이는 "선비는 마음으로 옛 성현의 도를 사모하고 몸은 유교인의 행실로 타일러 삼가며 입은 법도에 맞는 말을 하고 공론(公論)을 지니는 자이다"라고 하였다.

유교적 인격의 기본 덕성인 인의 포용력과 조화 정신은 선비의 화평하고 인자함으로 나타나며 예의는 선비의 염치 의식과 사양심(辭讓心)

으로 표현되고 믿음은 선비의 넓은 교우를 통해서 드러난다. 선비는 평상시에는 화평하고 유순한 마음으로 지공무사한 중용을 지킨다. 그러나 의리의 정당성이 은폐될 때에는 목숨을 걸고 비판하고 배척하였다.

양산보가 소쇄원에서 쓴 「효부(孝賦)」는 조선의 선비가 행하여야 할 효의 생활관을 잘 보여 주고 있다. 소쇄원은 또한 수많은 선비의 교우처이자 시문의 산실로 김인후의 「사십팔영」 등을 낳기도 하였다.

실학(實學)이 발생하자 관념적 형식성에 대한 반성이 일어나면서 실질적 효용성이 등장하였던 것처럼 조선의 선비 정신은 시대에 따라 창조적으로 변화하였다.

정약용(丁若鏞, 1762~1836년)은 "선비란 어떤 사람인가, 선비는 어

「사십팔영」 제월당 마루 위에 있는 김인후의 「사십팔영」은 소쇄원이 수많은 선비의 교우처이자 시문의 산실이었음을 보여 준다.

찌하여 손발을 움직이지 않으면서 땅에서 생산되는 것을 삼키는가?"라
며 선비의 무위도식을 힐난하였다.

홍대용(洪大容, 1731~1783년) 또한 선비를 다음과 같이 비판하여
그 의미를 재정립하였다. 그는 과거 시험으로 출세하는 재사(才士)와
글재주로 이름을 얻는 문사(文士) 그리고 경전에 밝고 행동을 점잖게
꾸미는 경사(經士)를 열거하고 "진정한 선비는 인의에 깊이 젖고 예법
을 따르며, 천하의 부귀로도 그 뜻을 어지럽히지 못하고, 제후도 감히
벗삼지 못하며, 현달하면 은택(恩澤)이 사해(四海)에 미치고, 물러나
면 도(道)를 천년토록 밝히는 진사(眞士)이다"라고 하였다.

박지원(朴趾源, 1737~1805년)은 "천하의 공변된 언론을 사론(士論)
이라 하고 당세의 제일류를 사류(士流)라 하며 온 세상에 의로운 주장
을 펴는 것을 사기(士氣)라 하고 군자가 죄 없이 죽는 것을 사화(士禍)
라 하며 학문과 도리를 강론하는 것을 사림(士林)이라 한다"고 하였다.
또 "효도와 우애는 선비의 벼리(일이나 글의 가장 중심되는 줄거리)요,
선비는 사람의 벼리이며 선비의 우아한 행실은 모든 행동의 벼리이다"
라고 하였다. 이는 선비가 그 사회의 양심이요, 지성이며 인격의 기준
으로 심지어는 생명의 원동력인 원기라고 한 것과 같다.

선비는 시대가 달라도 그 사회가 요구하는 이념적 지도자요, 지성인
이며 현실적 욕구에 매몰되지 않고 보다 높은 가치를 향하여 상승하기
를 추구하는 의식을 갖는다. 그리고 그의 신념은 실천하는 데 있어서
꺾이지 않는 용기를 지닌다. 때로는 자기의 과오를 반성할 줄 아는 자
성(自省)이 필요하고 사회 모든 계층의 통합을 위한 조화의 중심을 형
성하기 위하여 노력한다.

소쇄원은 지금도 이러한 선비 정신의 현장으로 중요한 사상적 의미
를 지니는 유적이다.

입지

    소쇄원은 광주광역시에서 동북쪽으로 9킬로미터 떨어진 담양군 남면 지곡리 123번지에 있다. 소쇄원 뒤로는 장원봉 줄기가 병풍처럼 에워싸고 있고 남쪽으로는 무등산(1,186미터)이 자리하고 있다. 소쇄원으로 들어가는 입구에는 광주호가 시원스럽게 조성되어 있다. 이 광주호가에는 식영정(息影亭)이 있고 식영정에서 마주보이는 500미터 거리에 환벽당(環碧堂)이 자리하고 있다. 소쇄원이 있는 지곡리 지석촌과 식영정은 약 1킬로미터 정도 떨어져 있다.

    소쇄원과 식영정, 환벽당은 임억령(林億齡, 1496~1568년), 송순, 김인후, 송인수(宋麟壽), 김성원(金成遠, 1525~1597년), 유희춘(柳希春), 고경명, 기대승(奇大升, 1527~1572년), 백광훈(白光勳), 정철 등 호남 사림(士林)이 교유(交遊)하던 명소이다. 그래서 소쇄원, 식영정, 환벽당을 성산삼승(星山三勝)이라 부르기도 한다.

    식영정은 원래 서하당 김성원이 그의 스승이며 장인이 되는 석천 임억령을 위하여 1560년에 세운 정자이다. 『서하당유고(棲霞堂遺稿)』에는 이 정자에 관한 내용이 자세히 기록되어 있는데, "경신년 김성원의 나이 서른여섯 살 때 진사시(進士試)에 급제하여 어버이를 영화롭게

소쇄원 입지 뒤로는 장원봉 줄기가 병풍처럼 에워싸고 남쪽으로는 무등산이 자리하고 있다.

했다 하고 다시는 과거에 응시하지 않고 창평(昌平) 성산(星山)에 서하당(棲霞堂)을 지어 여기서 죽을 때까지 살 계획을 세우니 이로부터 임천(林泉)에 노니며 독서에 잠겨 날이 저무는 것도 몰랐다"고 전한다.

김성원은 김인후를 스승으로 삼고 정철, 기대승, 고경명 등 여러 선비와 도의(道義)로 사귀어 서로 형과 아우인 듯 두터운 정의를 나누며 왕래하였다. 김성원은 정철의 처외재당숙으로 11년 연상이었으나 정철이 성산에 와 있을 때 환벽당에서 공부하던 동문이기도 하였다. 정철은 을사사화로 아버지 정유침(鄭惟沈)이 5년 만에 유배지에서 풀려나자 아버지를 따라서 선조의 묘가 있는 담양에 와서 살게 되었다. 그의 나

광주호 주변 풍경 소쇄원으로 들어가는 입구에 조성된 광주호 가에는 식영정 및 환벽당이 있다.

이 열네 살 되던 해이다. 정철은 우연한 기회에 김윤제(金允悌)의 눈에 뜨여 환벽당에서 글을 배우게 되었으며 김윤제의 외손녀와 혼인하게 되었다. 그는 담양에 10여 년 동안 머물면서 임억령, 김인후, 송순, 기대승에게서 글을 배웠다. 그리고 고경명, 백광훈, 송익필(宋翼弼) 등과 교우하였다.

현재 식영정은 정면 두 칸, 측면 두 칸에 팔작지붕을 한 간결한 정자(亭子) 형태의 건물이다. 한 칸은 온돌방이고 한 칸은 마루이다. 『식영정 잡영(息影亭雜詠)』에 보면 창계(蒼溪), 환벽용추송담(環碧龍湫松潭), 단교(斷橋), 선유동(仙遊洞), 서석대(瑞石臺), 조대쌍송(釣臺雙

식영정과 주변 건물들 정면 두 칸, 측면 두 칸에 팔작지붕을 한 간결한 정자 형태의 건물인 식영정은 노자암, 자미탄, 부용당 등과 어우러져 시정 어린 정취를 뽐내고 있다.

松), 노자암(鷺鶿巖), 자미탄(紫薇灘), 도화경(桃花逕), 방초주(芳草洲), 부용당(芙蓉塘) 등의 경치가 시로 표현되어 있다. 이러한 장소는 식영정 풍광의 중요한 경관들이었다.

환벽당은 식영정 남서편 조대(釣臺, 낚시터) 앞 작은 언덕 위에 세운 아담한 기와집으로 양산보의 처남인 김윤제가 나주 목사를 사퇴하고 고향에 돌아와서 세운 서재이다. 정면 세 칸, 측면 두 칸에 팔작지붕인데 두 칸은 방이고 한 칸은 마루이다.

지금은 광주호가 생겨서 일대가 많이 변경되었다. 식영정 경내 소나무 숲속에는 「성산별곡(星山別曲)」의 시비(詩碑)가 서 있다.

환벽당 정면 세 칸, 측면 두 칸에 팔작지붕을 한 기와집으로 양산보의 처남인 김윤제가 고향에 돌아와 세운 서재이다.

「성산별곡」은 송강 정철이 동문인 서하당 김성원을 생각하며 지은 글로 자연에 숨어 사는 선비의 고고한 기품과 식영정과 서하당이 있는 성산의 아름다운 경치를 노래한 것이다. 「성산별곡」 가운데 식영정과 관계된 몇 구절을 현대어로 옮겨 본다.

어떤 지날 손이 성산에 머물면서
서하당 식영정의 주인아 내말 들소.
인간 세상에 좋은 일 많건마는
어찌 한 강산을 그처럼 낫게 여겨
적막한 산중에 들고 아니 나시는고.

노자암 바라보며 자미탄 곁에 두고
장송을 차일(遮日) 삼아 석경에 앉았으니
인간 6월이 여기는 삼추(三秋)로다.

창계(蒼溪) 흰 물결이 정자 앞에 둘렸으니
천손운금(天孫雲錦)을 그 누가 베어내어
이은 듯 펼친 듯 야단스런 경치로다.
산중에 달력 없어 사시를 모르더니
눈앞의 풍경이 사철따라 전개되니
듣고 보는 일이 모두 다 선계(仙界)로다.

짝 맞은 늙은 솔은 조대에 세워 두고
그 아래 배를 띄워 가는 대로 버려 두니
홍료화(紅蓼花) 백빈주(白蘋洲)를 어느 사이 지나관저
환벽당 용의 소(沼)가 배 앞에 닿았구나.

　이러한 시정(詩情) 어린 정취가 남아 있는 곳이 소쇄원이 있는 성산
지곡리의 입지다.

원의 구성

소쇄원의 원형을 알 수 있는 것은 1775년 간행된 목판본 「소쇄원도」
이다. 이 「소쇄원도」는 1548년경에 쓰여진 김인후의 「사십팔영」의 내용
을 잘 표현하고 있다. 「소쇄원도」와 「사십팔영」, 그리고 현재 남아 있
는 소쇄원의 유적을 연관시켜서 원의 구성을 살펴보기로 한다.

원의 입구 지역

소쇄원은 승경(勝景)의 자연 암반 계류에 터잡아 담을 둘러쳐서 원
내와 원외가 구분되어 배치되었다. 동원(東園) 지역에는 연못, 물레방
아, 대봉대가 조성되었고 서원에는 화계가 배치되었다. 서원의 높은 언
덕 위에는 별당인 제월당이 소박하게 세워졌다. 계류의 동과 서에는 위
태로운 외나무다리와 대나무다리가 서로 연결되어 있다. 원내에는 대
나무, 소나무, 느티나무, 오동나무, 단풍나무, 은행나무, 버드나무, 복
숭아나무, 백일홍, 동백, 치자, 측백, 창포, 순채, 국화, 연꽃, 파초,
월계화, 난, 지초 등의 꽃과 나무가 심어졌다.

① 광풍각	⑥ 초정	⑪ 부훤당터	⑯ 지곡리
② 제월당	⑦ 작약(외나무다리)	⑫ 고암정사터	⑰ 광주호, 식영정,
③ 위교	⑧ 오곡문	⑬ 나무홈대	환벽당
④ 화계	⑨ 오곡류	⑭ 보도	
⑤ 연못	⑩ 계류	⑮ 소쇄원 진입로	

소쇄원 현황 배치도(국립부여문화재연구소 실측, 1999년 11월)

원 입구에 있는 대나무 숲 소쇄원은 높고 푸른 왕대나무가 즐비하게 서 있는 울창한 대밭 길을 통하여 들어가게 된다.

소쇄원 입구의 연못 호안을 자연석으로 축조한 연못으로 예전에는 물고기와 순채를 길렀다고 한다.

소쇄원은 울창한 대밭길을 통하여 들어가게 되어 있는데, 입구에는 높고 푸른 왕대나무가 푸른 옥같이 즐비하게 서 있다.

「사십팔영」 중 제29영 '오솔길의 왕대숲(夾路脩篁)'이란 시구는 이 대숲의 아름다움을 이렇게 노래하고 있다.

　　줄기는 눈 속에서도 곧고 의연한데
　　구름 실은 높은 마디는 가늘고도 연해
　　속대 솟고 겉껍질 벗으니

위교 위태로운 다리란 뜻으로, 소쇄원을 찾아오는 손님은 이 다리를 건넌 다음 개울가에 선 버드나무 밑에서 주인을 불렀을 것이다.

새줄기는 푸른 띠 풀고 나온다.

이 대숲길을 지나서 들어가면 소쇄원의 입구에 있는 연못을 만나고 개울쪽으로 내려가면 개울 위에 위교가 걸쳐 있다.

위교란 위태로운 다리란 뜻이다. 소쇄원을 찾아오는 손님은 이 다리를 건넌 다음 개울가에 선 버드나무 밑에서 주인을 불렀을 것이다. 입구의 연못(가로 7.7미터, 세로 4.6미터, 깊이 2미터)은 호안(護岸)을 자연석으로 축조한 장방형 연못으로 물고기와 순채(蓴菜)를 길렀다.

제41영의 '못에 흩어진 순채싹(散池蓴芽)'이란 시구를 보면

장한(張翰)이 강동으로 돌아간 뒤
이 풍류를 아는 이 그 누구런가.
농어회를 미처 마련 못했으니
오래오래 물에 뜬 순채만 보소.

라고 하였다. 장한은 오(吳)나라 사람으로 진(陳)나라에서 벼슬을 하다
가 가을 바람이 불자 고향의 순채나물과 농어회가 먹고 싶어서 벼슬을
버리고 고향 강동으로 돌아갔다고 한다. 이 고사를 인용하여 연못 속에
순채나물을 기르며 사는 인생의 풍류를 상징한 것이다.
 개울 위의 나무다리(1985년 복원)에 대해 제9영의 '대숲 사이에 위
태로이 걸친 다리(透竹危橋)'란 시구를 보면

큰 대숲을 뚫고 골짜기에 걸쳐 놓아
우뚝하기가 허공에 뜬 것 같다.
숲과 못은 워낙 아름답지만
다리가 놓이니 더욱 그윽하네.

라고 하였는데, 이 다리를 건너서 들어가면 개울가에 살구나무와 큰 버
드나무가 서 있다. 이 버드나무 밑이 손님과 소쇄원 주인이 만나던 곳
이다. 버드나무에서 가장 가까운 곳은 광풍각이며 또 계단을 밟고 올라
가면 고암정사와 부훤당이 가까이에 있었다.
 버드나무 밑에서 손님이 작대기를 두드리면 이들 건물에 있던 주인
에게까지 들리게 되어 있었다. 제39영의 '버드나무 개울가에서 손님을
맞으니(柳汀迎客)'란 시구를 보면

광풍각 옆 버드나무 개울가 버드나무 밑은 소쇄원 주인과 손님이 만나던 곳으로 손님이
작대기를 두드리면 주인에게까지 들리게 되어 있었다.

녹음이 우거진 광풍각 빛 제월당 주변 전경

손님이 와서 대막대기를 두드리니
몇 번 소리에 놀라 낮잠을 깨어
의관을 갖추고 맞으러 가니
벌써 말을 매고 개울가에 서 있네.

라고 하였다.

옛날 소쇄원에 오던 사람들은 울창한 왕대숲의 오솔길로 들어와서는 순채나물이 자라던 연못을 지난 다음, 개울 위에 놓인 나무다리를 건너야 했다. 그런 다음 버드나무 밑에서 주인을 만나고는 소쇄원을 구경하였다. 지금은 대숲길로 들어가서는 연못을 지나 대봉대의 초정이 있는 담 안까지 바로 들어갈 수 있게 되어 있다.

대봉대의 동원 지역

소쇄원 입구에서 높이 2미터, 길이 약 50미터의 긴 담을 따라 오곡문(五曲門)까지 들어가다보면 담 안으로 방형의 작은 연못(가로 4.8미터, 세로 5.2미터, 깊이 2미터)과 대봉대를 만날 수 있는데, 연못 옆의 대봉대에는 초정(1985년 복원)이 세워져 있다.

이 초정 옆에는 벽오동나무가, 개울쪽 언덕에는 100년도 넘는 자미(紫薇)가 운치 있게 서 있다. 자미란 백일홍나무를 말하는데 백일홍을 배롱나무라고도 한다. 그리고 북쪽의 외나무다리 앞에는 오래된 노송(老松)이 한 그루 서 있다.

동쪽 언덕에는 약 10미터 정도 폭의 길이 나 있고, 이 공간을 ㄱ자로 꺾는 담이 있는데, 이것을 애양단(愛陽壇, 길이 약 10미터, 너비 약 7미터)이라 한다. 애양단 담장 안에는 동백나무 한 그루가 서 있다. 겨

소쇄원 입구의 긴 담과 오곡문 소쇄원 입구에서 높이 2미터, 길이 약 50미터의 긴 담을 따라 들어가다보면 오곡문이라고 쓴 담을 만날 수 있다.

대봉대의 초정과 작은 연못 오곡문 담 안
에 있는 방형의 작은 연못 옆 대봉대에는
초정이 건립되어 있다. (위)

초정 옆 개울가의 백일홍나무(오른쪽)

외나무다리 앞 노송(옆면)

애양단과 동백나무 겨울에도 볕이 따뜻하게 드는 곳 애양단 담장 안에는 동백나무 한 그루가 서 있다.

울에도 볕이 따뜻하게 드는 곳이다.

　이 애양단에서 오곡류(五曲流)의 계곡으로 내려가는 길에는 자연석으로 단을 지어 쌓은 돌계단이 있다. 오곡류의 계류에는 나무홈대가 설치되어 있는데 여기에 개울물을 받아서 작은 연못에 대고 있다. 대봉대 옆에 있던 작은 연못의 물은 수로를 따라서 흐르다가 물레방아를 돌렸다.

　「소쇄원도」를 보면 작은 연못과 큰 연못 사이의 수로에 물레방아가 설치되어 있는데, 현재는 복원되어 있지 않다. 대봉대가 있는 동원 지역에 대한 「사십팔영」의 경치를 살펴보기로 하자.

오곡류의 계류에 설치되어 있는 나무홈대

물레방아가 있던 자리
오곡류의 계류에 설치된 나무홈대에 개울물을 받아서 작은 연못에 대면 작은 연못의 물은 수로를 따라 흐르다가 물레방아를 돌렸다.

제1영에 대봉대의 초정에 대한 시가 있다. '자그마한 정자 난간에 기대어(小亭憑欄)'란 시구를 보면

소쇄원의 가운데 경치가
소쇄정에 통틀어 모였네.
쳐다보면 시원한 바람 나부끼고
귀기울이면 영롱한 물소리 들리네.

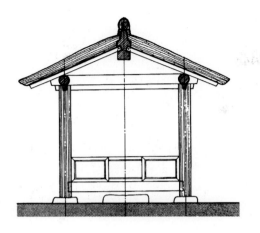

단면도

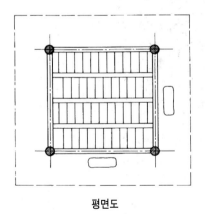

평면도

천장 평면도

대봉대의 초정

라고 하였다.

소쇄정은 한 칸짜리 초정인데 소쇄원 계원(溪園)의 중심에 있고 이 정자에 앉으면 소쇄원의 온 경치가 한눈에 들어온다.

소쇄정이란 이름이 제일 먼저 보이는 것은 1534년에 송순이 쓴 시이다. 소쇄정을 소각(小閣)에 비유하고 그 옆에 벽오동나무가 서 있음을 표현하고 있다. 또 고경명이 쓴 『유서석록』을 보면 "돌을 높게 쌓아 올려 그 위에 세운 작은 정자는 일산(日傘)을 펴놓은 것만 같다. 정자의 처마 옆에는 가지가 많은 큰 벽오동이 말라붙은 채 서 있고 정자 밑에는 또 못이 파여 있는데 못의 물은 통나무에 홈을 파서 골짜기의 물을 끌어들이고 있다. 못 서쪽에는 큰 대나무가 100여 개나 빽빽이 서 있어서 울창한데 그 아름다움이 옥돌을 즐비하게 세워 놓은 것만 같다"라고 하였다.

이 초정에 대한 또 하나의 시는 송강 정철의 「소쇄원제초정」이다. 이 시에 의하면 초정은 정철이 태어난 해에 세워졌다. 초정 옆에 벽오동나무가 서 있고, 그 아래로 개울물이 흐르고 있다고 한 것으로 보아 지금의 대봉대 위에 선 초정임을 알 수 있다. 이처럼 대봉대의 초정은 소쇄원을 대표하는 정자였다.

오동나무에 대한 시로 제37영에 '오동나무 대에 드리운 여름 그늘(桐臺夏陰)'이란 시구를 보면

바위 벼랑에 늙은 가지 드리웠고
이슬과 비를 맞아 언제나 맑고 시원해.
태평성대 누리며 오래 살아서
남녘 바람 지금까지 불어오누나.

라고 노래하였는데, 대봉대 옆에는 원래 대나무가 심어져 있었다. 제32

초정 소쇄원 계원의 중심에 있는 초정은 한 칸짜리로, 이 정자에 앉으면 소쇄원의 온 경치가 한눈에 들어온다.

영의 '해 저문 대밭에 날아든 새(叢筠暮鳥)'란 시구를 보면

돌 위의 대나무 두어 그루는
상비(湘妃)의 눈물자국 아롱졌구려.
산새는 그 한을 알지 못하고
저물 무렵 스스로 돌아올 줄 안다.

라고 하였다.
　이 시에서 상비는 순(舜)임금의 비(妃)가 되었다가 순임금이 죽자 그를 그리워하며 상수(湘水)에 몸을 던져 수신(水神)이 되었다는 아황

(娥皇)과 여영(女英)의 고사에서 나온 말이다.

대봉대 옆에 벽오동과 대나무를 심은 것은 태평성대가 되어 봉황이 오기를 갈망하는 상징성이 담겨 있다. 봉황은 상서로운 새로 머리는 뱀, 턱은 제비, 등은 거북, 꼬리는 물고기 모양으로 깃에는 오색의 무늬가 있다고 전한다. 이 새는 태평성대에만 나타나며 오동나무가 아니면 앉지 않고 죽실(竹實, 대나무 열매의 씨)이 아니면 먹지 않기 때문에 오동나무와 대나무를 심었다고 한다.

대봉대는 지치의 시대를 갈망하던 조선 선비의 이상을 조원에 조영시킨 것이다. 조선시대의 선비는 언제나 시대가 요구하는 이념적 지도자로서 보다 높은 가치를 추구하고자 하였는데, 봉황을 기다리는 마음

초정과 대나무 봉황이 오기를 갈망하는 마음에서 심었다는 초정 옆의 대나무는 지치의 시대를 갈망하던 조선 선비의 이상을 조원에 조영시킨 대표적인 예이다.

이 이런 가치 의식을 갖게 한 듯하다.

　대봉대 옆의 작은 연못에 대해서는 제6영의 '작은 못에 물고기 노닌
다(小塘魚泳)'와 제7영의 '나무홈대를 통하여 흐르는 물(刳木通流)'이
란 시구에 잘 나타나 있다. 먼저 제6영의

　　한 이랑이 못 되는 방지(方池)
　　애오라지 맑은 물이 잔잔히 놀이 치네.
　　주인의 그림자를 물고기가 희롱하니
　　낚싯줄 드리울 맘이 없구나.

와 제7영의

　　샘물이 졸졸 흘러들어
　　높낮은 대숲 아래 못으로 흘러내려
　　떨어지는 물줄긴 물방아를 돌리는데
　　온갖 물고기가 흩어지며 노네.

라는 시구를 통해 작은 방지에서 물고기가 노닐고 그 못에 물을 끌어들
이는 나무홈대와 물레방아까지 설치하였음을 알 수 있다. 지금 이 물레
방아는 그 크기와 자리를 상고하기가 어려워 복원되지 않고 있다.

　제8영의 '구름 위로 절구질하는 물레방아(春雲水碓)'란 시구를 보면

　　온종일 졸졸 흐르는 물의 힘으로
　　방아는 저절로 공을 세우네.
　　경치는 천손(직녀)의 비단인 양 곱고
　　찧는 소리에 책장이 넘어가네.

라고 하였다.

　이 물레방아는 위쪽 방지에서 아래쪽 방지로 가는 수로에 설치했던 것으로 보인다. 『유서석록』의 기록에서 수로는 다듬은 돌로 만들었음을 알 수 있는데 이 물레방아는 실용적인 것이 아니고 소형의 관상용이었던 것으로 여겨진다.

　대봉대가 있는 이 동원의 개울가에는 지금도 운치 있는 백일홍나무들이 서 있어 여름에 가면 백일홍 꽃숲을 볼 수 있다. 백일홍나무는 높이가 12미터에 이르고 몸통의 밑둘레가 153센티미터가 되는 것도 있다. 큰 백일홍은 대봉대 밑 개울가에도 있고 광풍각 뒤에도 있다.

　제42영의 '골짜기 시냇가에 핀 백일홍(襯潤紫薇)'이란 시구를 보면

세상에 모든 꽃이
도무지 열흘 가는 향기가 없네.
어찌하여 시냇가의 저 백일홍은
백날이나 붉게 아름다운가.

라고 하였는데, 연못 속에는 연꽃이 심어져 있었던 것으로 보인다. 연꽃은 주돈이의 「애련설」에서 군자의 꽃으로 칭송하고 선비의 절개를 상징하는 것으로 보았다.

　제40영의 '개울 건너 핀 연꽃(隔澗芙蕖)'을 보면

깨끗이 심어져 범연치 않은 꽃
고운 자태는 멀리서 볼 만하네.
향기로운 바람이 골을 가로질러
방안에 스며드니 지란(芝蘭)보다 더 좋구나.

라고 하였다.

　대봉대의 동원 북쪽 담 안에 있는 뜰 애양단에 대해서는 제47영의 '볕이 든 단의 겨울낮(陽壇冬午)'이란 시구가 있다.

　단 앞 개울은 아직 얼었으나
　단 위의 눈은 모두 녹았네.
　팔 베고 길게 누워 볕든 경치를 바라보니
　한낮의 닭 울음은 다리까지 들리네.

　이 시는 고요하고 한가한 가운데 선비가 도(道)를 깨우치는 경지를 엿보게 한다.
　애양단에서 오곡류 쪽으로 내려오면 계단길이 나오는데, 이 계단길은 한가로운 마음으로 시를 읊기도 하고 속된 세상일을 모두 잊어버리게 하는 탈속의 길이었다.
　제23영의 '긴 계단을 거니노라면(脩階散步)'이란 시구는 이를 잘 표현하고 있다.

　티끌 많은 세상의 잡념을 버리려
　자유로이 계단 위를 거닐었다네.
　한가로운 마음을 시로 읊으니
　읊으면서 속된 일을 잊게 되구나.

　위의 시구에서 소쇄원의 대봉대 지역 약 50미터에 이르는 길은 속된 인간사에서 자유로이 벗어난 탈속의 산책로였음을 알 수 있다.

계류와 암반 지역

계류는 북쪽 장원봉 골짜기에서부터 오곡문 옆 담 아래에 뚫려 있는 수구(水口)를 통해 소쇄원 내 계곡으로 흘러내린다.

「소쇄원도」를 보면 오곡문에 건물이 그려 있으나 현재는 없어져 버렸고 운치 있는 황토빛 토석담을 ㄴ형으로 터서 별도의 문이 없다.

장대석 같은 자연석으로 담 밑을 받치고 개울 중앙에 자연석을 위태롭게 포개 쌓아서 양쪽으로 도랑이 흐르는 이채로운 수구가 있는데, 이 수구에 대한 시는 제14영에 보인다. '담장 밑을 통해 흐르는 물(垣竅透流)'이란 시구를 보면

걸음마다 흘러가는 물결을 보며
거닐면서 시를 읊으니 생각이 더욱 그윽해.
물의 근원이 어디인지 아직 모르고
한갓 담장을 통해 흐르는 물만 바라본다.

라고 하였는데, 수구의 담장 안에는 은행나무가 서 있다. 은행나무 그늘 아래로 흐르는 계류는 오곡으로 굴곡을 이루면서 흐른다. 제15영의 '은행나무 그늘 아래 굽이치는 물(杏陰曲流)'이란 시구를 보면

지척에서 졸졸 흐르는 물
분명 다섯 굽이로 흘러내리네.
그해 물가에서 말씀한 뜻을
오늘 은행나무 아래서 찾아보는구나.

라고 하였다.

거대한 암반 담장 밑을 통하여 흘러든 물은 경사가 급한 암반에서 세찬 폭포가 되어 떨어지기도 하고, 소 같은 웅덩이나 조담을 형성하는 등 변화무쌍한 풍경을 형성한다.

이 시는 오곡류의 생기찬 물굽이와 은행나무의 상징성을 노래하고 있다. 은행나무는 선비가 공부하던 곳으로 공자의 행단(杏壇)을 의미하며 오곡은 주자의 무이구곡에서 따온 말이다. 오곡류가 흐르는 계곡 위에는 외나무다리가 걸쳐 있다.

「소쇄원도」에 보면 작약(杓略)이란 다리가 그려져 있고 다리 양쪽 언덕에 늙은 소나무가 서 있다. 지금은 동쪽 언덕에 소나무 한 그루가 서 있을 뿐이다. 제26영의 '가로지른 다릿가의 두 소나무(斷橋雙松)'란 시구에 의하면 작약은 외나무다리로 건너기 위험한 다리를 말하는데, 여기에서는 단교(斷橋)라 표현하고 있다. 주자의 「무이도가」 기1 (其一)

수구 장원봉 골짜기에서부터 흘러내린 물은 오곡문 옆 담 아래에 뚫려 있는 수구를 통해 소쇄원 내 계곡으로 흘러내린다.

수구문 장대석 같은 자연석으로 담 밑을 받치고 개울 중앙에 자연석을 위태롭게 포개 쌓아서 양쪽으로 도랑이 흐르게 하였다.

밖에서 본 수구
위태롭게 쌓은
자연석이 장대석
을 받치고 있다.

수구문 밖에서 본 외나무다리 세속의 번거로움이 스며들지 못하게 하는 상징적 의미에서
설치된 다리이다.

에는 도를 전하고 싶어도 단교가 되어 사람이 찾아들지 않음을 노래한 것이 있다. 소쇄원에서는 세속의 번거로움이 스며들지 못하게 하는 상징적 의미에서 단교를 설치한 것으로 해석할 수 있다.

　담장 밑을 통하여 흘러든 물이 흐르는 곳은 경사가 급한 거대한 암반이다. 이 암반에는 목욕탕처럼 푹 팬 조담(槽潭)도 있고, 세찬 폭포가 되어 떨어지기도 하고, 물이 빙 돌다가 흐르는 소 같은 웅덩이도 있어 변화가 무쌍하다. 이 가파른 암반을 노래한 시가 제3영의 '가파른 바위에 흐르는 물(危巖展流)'이다.

　계류는 바위를 씻어 흐르는데
　한 바위가 온 골짜기를 덮고 있구나.
　흰 깃을 중간에 편 듯이
　비스듬한 벼랑은 하늘이 깎은 바로다.

　소쇄원 계원은 사실 이 암반 하나로 원이 구성되어 있다. 제3영에서 보듯 비스듬한 벼랑을 이루고 있는 바위는 신이 깎아 만든 것처럼 계류를 아름답고 다양하게 변화시켰다.

　벼랑을 타고 오곡으로 굽이치며 흐르던 물이 둥그스름하게 생긴 석조(石槽) 같은 웅덩이에 고였다가 다시 폭포로 떨어져 내린다. 이 석조 같은 웅덩이를 '조담'이라 했으며 여기서 목욕을 하기도 했다. 제25영의 '조담에서 멱감다(槽潭放浴)'란 시를 보면

　못 물은 깊고 맑아 바닥이 보이는데
　멱감고 나도 여전히 푸르구나.
　세상 사람들은 이 좋은 곳을 믿지 않지만
　뜨거워진 바위에 오르니 발에 티끌 하나 없구나.

라고 노래하고 있는데, 이 조담은 세속의 때를 벗는 장소로 깨끗한 못〔淸潭〕이다. 조담에서 떨어지는 물은 폭포를 이루며 특히 비가 오고 난 뒤의 폭포는 장관을 이루었다. 제38영의 '오동나무 그늘 아래로 쏟아지는 물살(梧陰瀉瀑)'이라는 시구를 보면

　　드문드문 푸른 잎 그늘 아래로
　　어젯밤 시냇가에 비가 내렸네.
　　성난 폭포수가 나뭇가지 사이로 쏟아지니
　　마치 흰 봉황이 춤추는 것 같구나.

라고 표현하고 있다.
　이 시를 보면 오곡수가 폭포로 떨어지는 광경은 마치 흰 봉황이 춤추

벼랑을 타고 흘러내리는 물 오곡으로 굽이치며 흐르는 물은 둥그스름하게 생긴 석조 같은 웅덩이에 고였다가 다시 폭포로 떨어져 내린다.

는 것같이 아름다움을 느낄 수 있다. 또 조담과 폭포 사이에 물이 소용돌이치는 곳이 있는데, 이곳에서 유상곡수(流觴曲水, 곡수에 술잔을 띄워 보낸다)의 술잔치를 벌였다.

제21영에 '스며 흐르는 물길따라 술잔을 돌리니(洑流傳盃)'란 시구가 있다.

물이 도는 바윗가에 둘러앉으면
소반의 채소 안주라도 흡족하다.
소용돌이 물결에 절로 오가니
띄운 술잔 한가로이 주고받거니.

이를 통해 왕희지(王羲之)가 난정(蘭亭)에 모여 시회(詩會)를 열고

상암 폭포의 서쪽 평평한 암반 위에는 두 사람이 마주앉아 바둑을 두는 그림과 함께 상석이란 글씨가 쓰여 있다.

청유(淸遊)의 유상곡수연을 한 것처럼 소쇄원에서도 술잔을 띄우고 시를 짓고 읊는 유상곡수연을 하였음을 알 수 있다. 『소쇄원사실』에 실린 정광연(鄭光演)의 「소쇄원에서 차운하다」란 시를 보면 "난정의 수계(修禊)한 일도 이미 적막한데 우리들이 천년 만에 다시 잇는다"라고 한 것으로 보아 후세 선비들도 소쇄원에서 계속하여 유상곡수연을 이어갔음을 알 수 있다.

「소쇄원도」를 보면 조담 서쪽의 평평한 바위엔 광석(廣石)이라 쓰고 사람이 이 바위에 반듯이 누워서 하늘을 쳐다보고 있는 그림이 그려져 있다. 그리고 조담 동쪽의 평평한 바위 위엔 거문고를 타고 있는 선비의 모습과 옥추횡금(玉湫橫琴)이란 글을 새겨 놓았다. 대봉대 아래 계

달을 쳐다보던 바위 광석 조담 서쪽의 평평한 바위에는 광석이라 쓰고 사람이 반듯이 누워 하늘을 쳐다보고 있는 그림이 그려져 있다.

류가에는 선비 한 사람이 정좌(正坐)하고 앉아 있는 그림이 있고 탑암(榻巖)이라는 글씨가 새겨져 있다. 폭포의 서쪽 평평한 암반 위에는 두 사람이 마주앉아 바둑을 두는 그림과 함께 상석(床石)이란 글씨가 새겨져 있다.

지금도 이들 바위는 그대로 남아 있다. 다만 「소쇄원도」를 보지 않고 암반에 가 보면 무엇을 하던 곳인지를 알 수 없다. 광석, 탑암, 상석, 거문고 타던 곳 등은 「사십팔영」을 보면 잘 알 수 있다. 제13영의 '광석에 누워 달을 보니(廣石臥月)'란 시구를 보면

밝은 하늘 달 아래 이슬 받으며

거문고를 타던 바위 조담 동쪽의 평평한 바위엔 거문고를 타고 있는 선비의 모습과 옥추횡금이란 글씨가 새겨져 있다.

너럭바위 돗자리 대신이로세.
긴 숲이 흩날리는 맑은 그림자
밤이 깊어도 잠을 이룰 수 없네.

라고 노래하였는데, 이 광석에 누워 달을 보니 너무나 좋은 월경(月景)에 잠을 이룰 수 없다는 내용이다.

또한 제19영의 '걸상바위에 고요히 앉아(榻巖靜坐)'란 시구를 보면 벼랑의 걸상바위에 앉아서 계곡으로 불어오는 시원한 바람을 쐬는 신선처럼 자족하는 즐거움을 느끼게 된다.

상암에 대한 것은 제22영의 '평상바위 위에서 바둑을 두니(床巖對棋)'란 시구를 보면 알 수 있다.

바위 기슭의 넓고 평평한 곳에
대숲이 그 절반을 차지했구나.
손님이 와서 바둑을 두는데
어지러운 우박이 허공에 흩어지네.

이것은 우박을 맞으면서 바둑에 몰입한 상태를 표현한 시이다.

조담 동쪽의 평평한 바위에는 오곡류의 폭포소리에 맞춰 거문고를 타던 곳이 있다. 제20영의 '맑은 물가에서 거문고를 비껴 안고(玉湫橫琴)'란 시구를 보면

거문고 타기가 쉽지 않으니
온 세상을 찾아도 종자기(鐘子期)가 없구나.
한 곡조가 물 속 깊이 메아리치니
마음과 귀가 서로 알더라.

라고 하였다.

　이 시는 중국 춘추전국시대 초(楚)나라의 거문고 대가인 백아(伯牙)가 자기가 타던 거문고 소리를 유일하게 알아주던 종자기가 죽자 그것을 한탄하고 일절 거문고를 타지 않았다는 고사를 인용한 것으로 김인후와 양산보의 우정을 표현하였다.

　「소쇄원도」를 보면 광풍각 아래 계류가에 조그마한 가산(假山)이 있었는데, 여기에 화초와 나무를 심어 산처럼 꾸몄던 것으로 보인다. 이 가산은 괴석을 모아 인공적으로 꾸민 것이라기보다 계류에 의해 저절로 만들어진 것으로 보인다. 제16영의 '가산의 풀과 나무(假山草樹)'란 시구에

　　산을 만듦에 사람의 힘을 들이지 않고
　　만든 산을 가산이라 하더라.
　　형세를 따라 수림이 되고
　　의연한 산야인 것을.

라고 하여 상당히 오묘한 가산을 꾸몄던 것으로 여겨지는데, 현재는 허물어지고 없다.

　계류의 수림으로는 외나무다리가 있는 지역에는 노송과 느티나무 숲이 있고 초정 아래쪽으로는 배롱나무 숲이 있다. 제44영의 '골짜기에 비치는 단풍(暎壑丹楓)'이란 시구를 보면

　　가을이 오니 바위 골짜기 서늘도 하고
　　단풍잎은 이른 서리에 놀랐구나.
　　고요하게 노을빛이 흔들리는 속에
　　춤추는 듯 그 모습이 거울에 비친다.

라며 개울가의 단풍 숲을 섬세한 시정으로 노래하였다.

이 밖에 개울가에는 창포도 심어져 있었다. 제34영의 '세찬 여울가에 핀 창포(激湍菖蒲)'란 시구를 보면

전하여 듣자니 시냇가의 풀은
아홉 가지 향기를 머금었다고
여울물도 날마다 뿜어 올려져
한가로이 더위를 삭히어 주네.

라고 하였다.

또 제33영의 '산골 물가에서 졸고 있는 오리(壑底眠鴨)'란 시구를 보면

하늘은 신선의 계교와 부합하며
맑고 찬 한 줄기 산골 도랑
하류에선 서로 섞여 흐르네.
오리들이 한가로이 졸고 있구나.

라고 한 것으로 보아 오리도 길렀던 것으로 보인다.

그리고 제31영의 '벼랑에 깃들인 새(絶崖巢禽)'라는 시구를 보면 낭떠러지에 여러 종류의 산새들과 물새(백구)들도 살았음을 추측해 볼 수 있다.

이와 같이 소쇄원 계원은 한 굽이 한 굽이마다 섬세한 기능과 오묘한 즐거움이 베풀어졌다.

창포가 심어져 있던 오곡

화계

화계는 계류의 서쪽 산비탈 담 밑에 조성되어 있다. 경사진 언덕에 자연석으로 네 단의 축대를 쌓았는데 밑의 한 단은 원로(園路)이고 위의 두 단은 화계이다. 화계의 축대 높이는 약 1미터, 너비는 1.5미터, 길이는 약 20미터가 된다.

「소쇄원도」를 보면 매대(梅臺)라고 쓰여 있고 매화나무들이 배치되어 있다. 화계의 가장 윗단인 담 밑에는 큰 측백나무 한 그루가 서 있다. 화계 밑단에는 '난(蘭)'이라 쓰고 한 무더기의 난초가 그려져 있으며 북쪽에는 '오암(鼇巖)'이라 쓴 큰 바위와 '괴석(槐石)'이라 쓴 바위가 배치되어 있고 괴석 위에는 큰 느티나무가 그려져 있다. 지금은 화계에 말라 죽은 측백나무 한 그루와 늙은 산수유 한 그루 그리고 느티나무가 서 있다.

화계에 매화나무를 심어 매대라고 하였던 것인데 제12영의 '매대에 올라 달을 맞으니(梅臺邀月)'란 시구를 보면

숲 끝의 매대는 그대로 넓은데
달이 떠오를 때엔 더욱 좋아라.
엷은 구름도 흩어지고
차가운 밤 얼음에 비치는 그 자태.

라고 하였다.

그리고 제28영의 '돌받침 위에 외롭게 핀 매화(石趺孤梅)'란 시구를 보면

매화의 빼어남을 곧바로 말하자면

화계 경사진 언덕에 자연석으로 쌓은 네 단의 축대 가운데 밑의 한 단은 원로이고 위의
두 단은 화계로 계류의 서쪽 산비탈 담 밑에 조성되어 있다.

돌에 내린 뿌리가 볼 만하구나.
맑고 잔잔한 물가에
성긴 그림자 황혼에 더 곱다.

라고 노래하였다. 여기서 매화는 선비의 고고한 절개를 상징한다.
「소쇄원도」에 국화를 표시한 것은 없으나 제27영의 '비탈길에 흩어진
솔과 국화(散崖松菊)'란 시구가 있다.

북녘재(서울쪽)는 층층이 푸르고
동녘 울밑에 군데군데 누런 국화
벼랑가에 마구 심어 놓은 것들이
늦가을 서리 속에 어울리구나.

괴석 화계의 북쪽 상단에 위치한 괴석에는 큰 느티나무가 그려져 있다.

이 시는 어디에서 살든지 임금을 향한 지극한 충정과 이를 국화꽃으로 표현하던 조선시대 선비들의 모습을 엿볼 수 있다. 또한 이 시로 인해 소쇄원 화계에 국화꽃을 심었던 것을 짐작하게 된다.

화계의 북쪽 상단에 있는 괴석에 대해 제24영의 '느티나무 옆의 바위에 기대어 졸다(倚睡槐石)'라는 시구를 보면

몸소 느티나무 옆의 바위를 쓸고
아무도 없이 홀로 앉아서
졸다가 문득 놀라 일어나니
개미왕에게 알려질까 두려워.

라고 하였는데, 여기서 개미왕은 괴안국(槐安國)의 고사에 전하는 의

오암 괴석이 있는 아래 단의 화계에는 자라바위라고 쓴 오암이 있다.

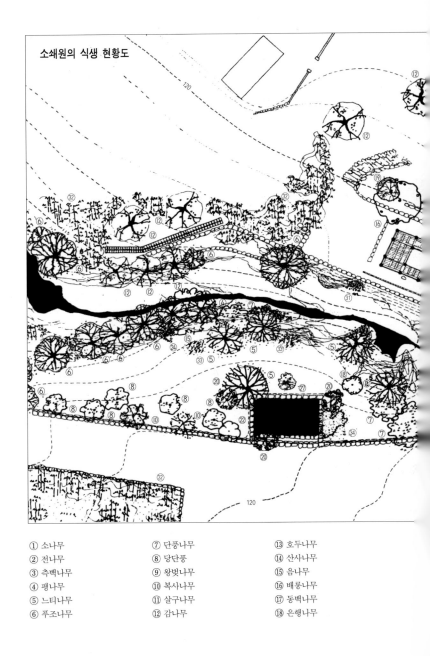

소쇄원의 식생 현황도

① 소나무   ⑦ 단풍나무   ⑬ 호두나무
② 전나무   ⑧ 당단풍   ⑭ 산사나무
③ 측백나무   ⑨ 왕벚나무   ⑮ 음나무
④ 팽나무   ⑩ 복사나무   ⑯ 배롱나무
⑤ 느티나무   ⑪ 살구나무   ⑰ 동백나무
⑥ 푸조나무   ⑫ 감나무   ⑱ 은행나무

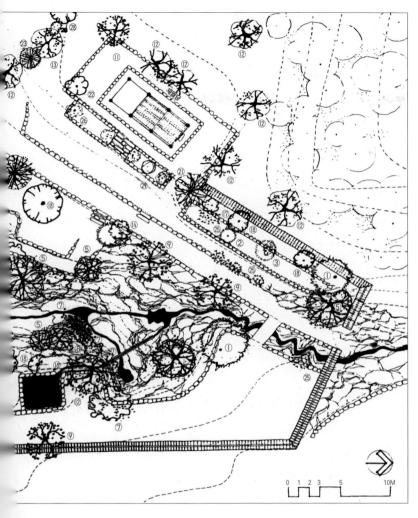

왕(蟻王)을 일컫는다. 당(唐)나라 이공좌(李公佐)가 쓴 「남가기(南柯記)」라는 글을 보면 "순우분(淳于棼)이 광릉(廣陵)에 살고 있었는데 그 집 남쪽에 오래된 느티나무가 있었다. 분(棼)은 자기 생일날 실컷 술에 취하여 그 느티나무 아래에서 잠이 들었는데 꿈에 괴안국에 이르러 남가태수(南柯太守)가 되어 20년을 봉직하고 공주에게 장가들어

광풍각까지 이어진 길 화계 밑단의 이 길은 외나무다리를 건너 광풍각으로 가는 길로 세속의 인간은 근접을 못하도록 돌길로 만들어져 있다.

5남 2녀를 낳고 영화롭게 살았다. 나중에 적과 싸우다가 패하여, 공주도 세상을 떠나고 자신도 상처를 입어 돌아왔다. 깨어보니 가동(家僮)이 빗자루를 들고 뜰을 쓸고 있었고, 해는 아직 떨어지지 않고 술동이도 그대로 있었다. 이로 인하여 느티나무의 구멍을 찾아보니 이른바 남가군(南柯郡)이란 괴수(槐樹) 남지하(南枝下)의 의혈(蟻穴, 개미굴)이 있었으며 왕이란 곧 의왕이었다"라는 내용이 있는데 후세 사람들이 이 꿈을 가리켜 '남가(南柯)'라 부르게 되었다 한다.

괴석이 있는 아래 단의 화계에는 자라바위[鼇巖]가 있다. 이 자라바위는 제4영의 '산을 지고 앉은 자라바위(負山鼇巖)'란 시구를 보면 그 상징성을 알 수 있다.

등뒤엔 겹겹의 청산이요,
머리를 돌리면 푸른 옥류(玉流)라.
긴긴 세월 편히 앉아 움직이지 않고
대(매대)와 각(광풍각)이 영주산보다 낫구나.

이는 소쇄원이 선경(仙景)보다 아름답다는 것과 이 속에 은둔한 선비의 자세가 자라바위처럼 편안하고 의연하다는 것을 말한다.

화계에는 치자도 심었던 것으로 보인다. 제46영의 '흰 눈을 인 붉은 치자(帶雪紅梔)'라는 시구를 보면

일찍이 여섯 잎 꽃이 피더니
향기가 가득하다 야단들이네.
붉은 열매 푸른 잎새 숨어 있더니
맑고 고와 눈서리가 사뿐 앉았네.

외나무다리 건너 광풍각과 제월당으로 가는 두 갈래 길

라고 하였는데, 흰 눈 속에서 선연하게 모습을 드러낸 붉은 치자 열매를 선비의 단심(丹心)에 비유하였다.

　화계 밑단의 길은 외나무다리를 건너 광풍각까지 이어진다. 이 길 또한 무심히 가는 길이 아니었다. 제5영의 '돌길을 위태로이 오르니(石逕攀危)'란 시구를 보면

　길은 하나련만 삼익우(三益友)가 잇달아
　오르는 사이에 위태로움 느끼지 못하네.
　워낙 세속의 인간은 근접을 못하는 곳
　이끼 색은 밟혀도 또다시 푸르구나.

라고 노래하였다.

이 시에서 삼익우란 매(梅), 죽(竹), 석(石)을 말한다. 소식(蘇軾)은 문흥가(文興可)의 매죽석을 찬양하면서 "매화는 차가워도 빼어나고, 대나무는 여위어도 수(壽)하고 돌은 추(醜)해도 문기(文氣)가 있으니 이것이 삼익(三益)의 벗[友]이 된다"고 하였다.

소쇄원의 이끼에 대해 제18영에 '돌에 두루 덮인 푸른 이끼(遍石蒼鮮)'란 시구가 있다.

늙은 돌에 촉촉한 구름이 자욱하니
푸르디 푸른 이끼가 꽃인 양 하여라.
다른 언덕과 골짜기마다
번화함이 없이 그 뜻이 고절하다.

돌에 덮인 푸른 이끼 소쇄원의 축대나 담장, 계류가의 바위 등에는 푸른 이끼들이 고절하게 피어 있다.

이 시를 통해서 소쇄원의 축대나 담장, 계류가의 바위 등에는 파란 이끼들이 고절하게 피어 있었음을 추측할 수 있다.

광풍각

광풍각은 오곡류가 흐르는 계간의 하류인 소쇄원의 하단에 위치하고 있다. 정면과 측면이 세 칸, 팔작지붕으로 된 정자형 건물이다. 건물의 면적은 8.2평쯤 된다.

광풍각 건물은 그 짜임새가 특이하다. 사방은 개방된 마루이고 중앙의 한 칸이 온돌방이다. 온돌방 사방에 문짝을 달았는데 모두 들어올려 천장에 매단 들어열개문이다. 추위를 대비해서 방을 들였지만 터진 사방으로 시원한 바람과 소쇄원의 아름다운 경치가 정자 속으로 들어오게 만든 집이다. 막돌로 쌓은 낮은 기단 위에는 덤벙주초를 놓았고 처마는 홑처마이다.

광풍(光風)이란 정자 이름은 송나라 황정견이 주돈이의 인물됨을 이야기할 때 '가슴에 품은 뜻의 맑고 맑음이 마치 비 갠 뒤 해가 뜨며 부는 청량한 바람과도 같고 비 갠 하늘의 상쾌한 달빛과도 같네(胸懷灑落, 如光風霽月)'라고 한 말에서 따온 것이다.

광풍각의 초창기 건물은 양산보가 소쇄원을 완성하는 시기, 곧 김인후가 「사십팔영」을 쓰기 전에 세워졌다. 양천운의 「소쇄원 계당 중수 상량문」을 보면 광풍각은 대봉대의 초정과 관덕사(사랑채)와 같이 세워져 있었던 것으로 보인다. 「사십팔영」 가운데 제2영의 '개울가에 누운 글방(枕溪文房)'이란 시구를 보면 광풍각은 소쇄원에서 가장 중요한 글방 건물이었음을 알 수 있다.

광풍각 오곡류가 흐르는 계간의 하류에 위치한 광풍각은 정면과 측면이 세 칸, 팔작지붕으로 된 정자형 건물이다.

창이 밝으면 책을 읽으니
물 속 바위에 책이 어리 비치네.
한가함을 따라서 생각은 깊어지고
이치를 깨침은 '연비어약'의 경지에 들었네.

그러나 양산보가 세운 광풍각은 1597년 정유재란 때 불타버렸고 1614년 4월 양천운(양산보의 손자)에 의해 복원되었다. 양천운은 상량문에서 광풍각을 계당(溪堂)이라 부르고 있다. 이 광풍각은 소쇄원 주인이 손님을 접대하던 별당과 같은 기능을 지닌 건물이다.

광풍각과 정원 광풍각은 소쇄원의 아름다운 경치가 정자 속으로 들어오게 만든 집이다.

「소쇄원도」를 보면 광풍각은 고암정사와 부훤당이 있던 지역과는 낮은 담으로 분할되어 있으며, 담에는 작은 협문이 있다. 그리고 광풍각 후원 단에는 도오(桃塢)라 쓰고 복숭아나무를 그려 놓았는데 지금도 광풍각 후원에는 복숭아나무가 심어져 있다.

복숭아 꽃밭에 대한 시는 제36영의 '복사밭에 봄이 찾아드니(桃塢春曉)'라는 시구를 보면 그 깊은 뜻을 알 수 있다.

봄이 복사꽃 밭에 찾아드니

광풍각 마루에서 바라본 폭포 및 원의
전경

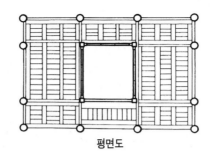

평면도

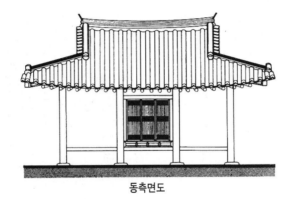

동측면도

북측면도

단면도

광풍각

광풍각 후원과 복숭아나무 고암정사와 부훤당이 있던 지역과는 낮은 담으로 분할되었으며
(위), 담에는 작은 협문이 있고, 담장 안에는 복숭아나무가 심어져 있다. (아래)

광풍각 소쇄원에서 가장 중요한 글방 건물인 광풍각은 터진 사방으로 시원한 바람과 함께 소쇄원의 아름다운 경치가 정자 속으로 들어오게 만든 집이다.

붉은빛이 새벽 안개 속에 낮게 퍼진다.
바윗골 속에 취해 있으니
마치 무릉도원을 거니는 것 같구나.

제월당

제월당은 소쇄원 서쪽 가장 높은 단 위에 건립되어 있다. 정면 세 칸, 측면 한 칸에 팔작지붕으로 된 간결한 집이다. 좌측의 한 칸은 간략한 서책을 둘 수 있는 다락을 둔 온돌방이며 두 칸은 마루이다. 마루 두 칸은 전면과 측면이 개방되어 있고 뒷면은 판벽과 판문으로 되어 있다. 제월당의 면적은 6평쯤 되는데 선비가 거처하는 최소 규모이자 최대의 공간이다. 처마는 홑처마인데 추녀 끝에는 팔각의 활주(活柱, 추녀 끝을 받치는 보조 기둥)를 세웠다.

제월당은 정사(精舍, 학문을 가르치려고 지은 집)의 성격을 가진 건물로 주인이 거처하며 조용히 독서하던 곳이었다. 집 이름을 '제월당(霽月堂)'이라 한 것은 광풍각의 당호(堂號)와 같이 주돈이의 인물됨

제월당 소쇄원 서쪽 가장 높은 단 위에 건립되어 있으며 정면 세 칸, 측면 한 칸에 팔작 지붕으로 된 간결한 집이다.

제월당 좌측 한 칸 방의 문짝을 들어올리면 전면과 측면이 개방되면서 탁 트인 시원한 공간이 된다.

을 평한 '여광풍제월(如光風霽月)'에서 따온 것이다.

이 집은 「사십팔영」에는 나타나지 않고 「소쇄원도」에 제월당의 당호와 함께 세 칸짜리 집이 그려져 있다. 그리고 고암정사와 부훤당이 있던 지역과는 낮은 담으로 나누어져 있다.

제월당은 분명 소쇄원 내에 위치한 건물이다. 「소쇄원도」를 보면 제월당 앞마당 남쪽에는 파초라 쓴 글씨와 그림이 있고, 북쪽 담장 끝에

제월당의 두 칸 마루에서 본 원의 모습

는 천간(千竿, 대나무)이라 쓰고 대숲이 그려져 있다. 파초와 천간은 제월당 주위에 있는 화목(花木)이다. 파초에 대해서는 제43영의 '빗방울이 두드리는 파초(滴雨芭蕉)'라는 시구를 보면

　빗방울이 은화살같이 쏟아지니
　너울거리며 푸른 비단 춤을 추네.

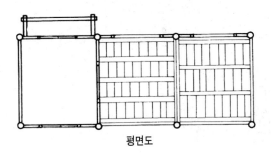

평면도

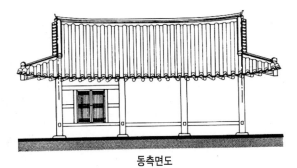

동측면도

북측면도

단면도

제월당

향수 어린 고향 소리엔 비할 수 없어
그냥 안타까워라, 고요한 마음만 깨다니.

라고 하였는데 파초를 고향을 떠나온 식물로 표현하여 향수를 느끼게
하며 비를 은화살로, 파초의 흔들림을 푸른 비단 춤에 비유한 기발한
시이다.
    그리고 제10영의 '대숲에 부는 바람소리(千竿風響)' 란 시구를 보면

    저 아득한 곳으로 사라졌는데

제월당 마루 위에 걸린 「사십팔영」

다시 이 고요한 곳으로 불어오니
무정한 바람과 대나무는
밤낮 생황을 분다네.

라고 하여 대숲의 바람소리를 생황이란 악기의 소리로 표현하고 있다.
아마도 이러한 시정은 제월당에서만 느낄 수 있을 것이다. 제월당 마루
위에는 「사십팔영」의 한시(漢詩)가 목판에 새겨져 있다.

담장

소쇄원의 담은 자연석과 황토흙을 섞어 쌓은 운치 있는 토석담으로
담 위에는 기와를 이었다. 이것은 원내와 원외를 분할하는 중요한 역할
을 한다.

담장의 길이는 입구에서 북북동쪽에 위치한 애양단까지 약 33미터
(100척), 애양단에서 서북쪽에 위치한 오곡문을 지나 매대까지는 약
20미터(70척), 이곳에서 남서 방향에 위치한 제월당까지는 약 20미터
(70척)가 된다. 담장 높이는 약 2미터이다.

옛날에는 입구에서부터 애양단까지의 직선 구간에 김인후의 「사십팔
영」을 목판에 새긴 것이 담벼락에 붙어 있었다고 한다. 그리고 새로운
시들을 써 붙이기도 하였던 것으로 보인다.

지금은 서쪽 담장에 송시열이 쓴 '소쇄처사양공지려(瀟灑處士梁公之
廬)'와 '애양단(愛陽壇)', '오곡문(五曲門)'이란 글자가 목판과 석판에
새겨져 담벼락에 붙어 있다. 송시열이 소쇄원에 많은 문적(文籍)을 남
기게 된 것은 양산보의 4대손 양진태가 송시열의 문하생이 되면서 김
창협, 김창흡, 민진후, 조정만, 김진규 등과 친교가 깊었던 탓이다.

양진태는 양산보의 둘째아들 자징의 증손자인데 스승 송시열에게 찾아가서 증조 할아버지인 고암의 행장을 부탁하여 1685년 5월 송시열은 「고암공 행장(鼓巖公行狀)」을 썼다. 이런 인연으로 소쇄원에는 송시열의 문적이 많이 전하게 되었다. 담벼락의 송시열 글씨도 그렇게 하여 쓰여진 것으로 보인다.

소쇄원의 담은 서쪽 경사진 산록(산기슭)을 내려오면서 직각으로 수없이 꺾어지는 아름다움을 보여 주는데, 이 담은 오곡문에서 끊어진다. 「소쇄원도」를 보면 오곡문의 모습이 그려져 있는데 현재는 건물이 없고

소쇄원의 담 자연석과 황토흙을 섞어 쌓은 운치 있는 토석담은 원내와 원외를 분할하는 중요한 역할을 한다.

담 소쇄원의 담은 서쪽 경사진 산록(산기슭)을 내려오면서 직각으로 수없이 꺾어지는 아름다움을 보여 주는데, 이 담은 소쇄원 입구에서 북북동쪽에 위치한 애양단까지 이른다.

오곡문에서 매대까지 이르는 담의 바깥쪽(위)과 안쪽(아래)

매대에서 제월당까지 이르는 담과 고사목 송시열이 쓴 '소쇄처사양공지려'라는 글자가
붙은 서쪽 담 옆에는 고사목 한 그루가 외로이 서 있다.

담이 양쪽으로 끊어진 상태로 트여 있다.

트여 있는 동쪽 담 밑에는 수구가 조성되어 개울물이 흘러 들어온다. 이 수구는 자연석으로 만들어진 장대석을 머릿돌로 하고 이를 받치는 기둥돌 대신 납작한 돌 다섯 개를 포개 쌓아서 장대돌을 받치게 만들었다. 어찌 보면 위태롭게 간신히 받치고 있는 구조같이 보이는데 이 수구가 산골 급류 속에서 수백 년을 견디어 오고 있는 것이 신기하다. 조선시대의 법전인 『경국대전(經國大典)』에는 민가의 경우 다듬은 장대석을 사용하지 못하게 하는 법령이 있었다. 따라서 민가의 담이나 연못의 호안, 화계의 축대가 모두 자연석으로 조성되었다.

오곡문에 대하여 「사십팔영」에는 언급이 없지만, 양산보의 4대손 양진태가 쓴 「오곡문」이란 시가 있다. 이를 보면

어렴풋이 삼파〔三巴, 중국 사천성(泗川省) 동부에 있는 세 고을 파군(巴郡), 파동(巴東), 파서(巴西)를 말한다. 이 세 고을이 서로 어울려 잘 살았다고 하는데 '오곡문'이란 잘 어우러져 있다는 말이다〕의 글자를 시늉낸 듯
아마도 구곡(九曲, 주자의 무이구곡을 의미한다)의 여울에서 나누어 온 듯
진원(眞源)을 거슬러 올라가면 곧바로 행단으로 통해지리라.
宛學三巴字　應分九曲灘
眞源知有泝　直透杏邊壇

라고 하였다.

이 시의 제목인 오곡은 주자의 무이구곡에서 나온 것으로 오곡문을 거슬러 올라가면 공자의 학문과 통할 수 있다는 말이다.

담장에 대한 시는 제48영 '긴 담에 걸려 있는 노래(長垣題詠)'를

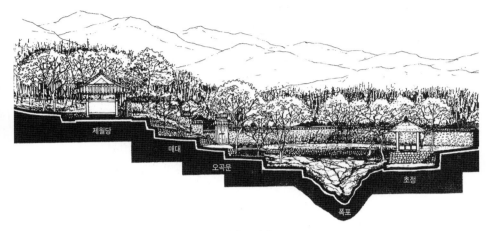

소쇄원 종단면도

보면

　긴 담이 백 자[百尺]나 가로 뻗었는데
　일일이 신시(新詩)를 베껴 놨더니
　마치 병풍을 두른 것 같네.
　비바람의 장난일랑 일지 말아라.

라고 하였다.

　소쇄원의 담은 아름다운 시의 병풍이며, 문아한 시정의 게시판이었
다. 실로 이런 담장은 본 일이 없다. 격높은 선비의 맑고 찬 기상이 담
으로 인해 더욱 잘 표현되었다.

고암정사와 부훤당

「소쇄원도」를 보면 제월당 남쪽 낮은 곳 담 밖으로 고암정사와 부훤당이 그려져 있다. 이 두 건물은 「사십팔영」에는 언급되지 않았다. 그러므로 양산보가 살아 있는 동안에는 이 집이 없었던 것으로 추측할 수 있다. 고암정사는 양산보의 둘째아들인 자징이 거창 현감을 제수받은 1570년대쯤 건축된 것으로 보인다.

고암정사는 「소쇄원도」에 의하면 세 칸 건물로 ㄱ자로 꺾인 집 같다. 왼쪽 한 칸은 문 두 짝이 달린 방이며, 두 칸은 마루이다.

부훤당은 정면 세 칸 집인데, 양산보의 셋째아들 자정의 집이다. 1574년 고경명이 부훤당 주인 자정을 만난 기록이 있어서 이 집도

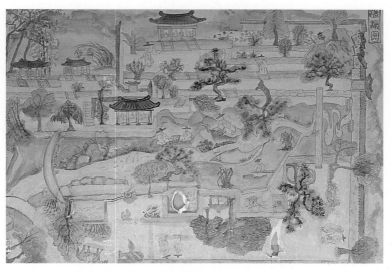

「소쇄원도」 입면도와 평면도가 혼합된 그림으로 사방으로 돌려보면 보는 방향에 따라 건너다 보이는 공간이 정면으로 나타나게 그려져 있다.

고암정사와 부훤당이 있던 터 버드나무에서 가장 가까운 광풍각 옆 계단을 밟아 올라가면 고암정사와 부훤당이 있던 터를 만날 수 있다.

1570년경에 지은 것으로 보인다.

이들 집은 소쇄원의 담 밖에 있어 양산보의 소쇄원과는 별개의 것이다. 고암정사나 부훤당은 모두 글방 건물이며 때로는 친구들이 찾아오면 술도 한 잔 하던 곳이다.

현재 고암정사터와 부훤당터는 국립부여문화재연구소에서 발굴 조사하여 복원을 위한 고증을 진행하고 있다.

소쇄원 외원의 건물들

「소쇄원도」에는 소쇄원 밖의 건물들 이름도 새겨져 있다.

소쇄원 입구에 '황금정(黃金亭)'이라 쓰고 큰 정자나무를 그려 놓았다. 따로 황금정이 있었는지는 알 수 없다. 황금정 개울 건너에 '창암촌'이라 쓰여 있는데, 창암은 양산보의 아버지 양사원의 호이며 양사원이 살던 마을이 창암촌이었다(『소쇄원사실』 권1). 소쇄원과 창암촌은

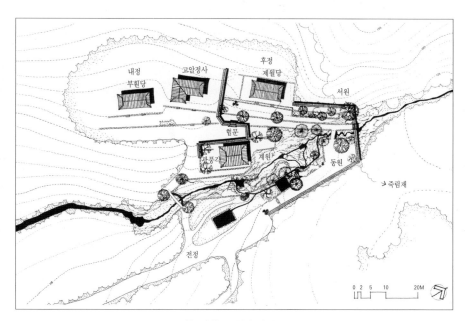

「소쇄원도」 원형 해석도

약 200미터 떨어져 있다.

또 소쇄원 입구에 향정(香亭)이라 쓰고 큰 은행나무를 그려 놓았는데 예부터 선비의 처소에는 은행나무를 심었다. 향정은 서원이나 문묘 앞에 꼭 큰 은행나무가 서 있듯이 은행나무를 정자나무로 보고 이름지은 것으로 보인다.

「소쇄원도」를 보면 애양단 담 밖 귀퉁이에 '죽림재(竹林齋)'라 쓰고 대나무숲과 집을 그려 놓았다. 이 죽림재는 소쇄원 뒷산 동북 방향 500미터 지점에 건물터가 남아 있다.

또한 고암동(鼓巖洞)은 오곡문 북쪽에 그려져 있다. 고암은 자징의 호이며 고암동에는 고암의 살림집이 있었던 것으로 보인다.

맺는말

소쇄원의 사상적 배경은 무이구곡을 이상향으로 생각한 조선 선비의 은둔 사상이 근본을 이루고 있다. 그러나 소쇄원은 도가적 신선 사상과는 깊은 관계가 없다.

소쇄원의 조경 요소는 계류를 중심으로 한 거대한 자연 암반과 양쪽 언덕에 세운 정자 등 건축물과 화계, 연못, 담장, 보도, 위교, 물레방아, 석가산, 화목, 조류, 긴 담에 걸려 있는 시문과 글씨 등이다.

건축물은 광풍각, 제월당, 대봉대(초정)가 있고 자연석과 황토를 개서 쌓은 담장이 있다. 자연의 공간 속에 담 하나 둘러치면 수림도 원림이 되는 한국 조경의 특성을 잘 보여 주고 있다.

담 밑으로 흘러드는 특이한 구조의 수구는 다듬은 장대석을 민가에서는 못 쓰게 한 조선의 건축법에 의해 자연의 장대석으로 어렵게 조성되었지만 이로 인하여 소쇄원만이 가지는 특이한 아름다움을 지니게 되었다.

문 없이 항시 뚫려 있는 오곡문은 아득한 근원으로 가는 무한한 상상의 길이다. 자연석으로 쌓은 화계의 축대들에는 푸른 이끼가 세월 속에 풍화하여 더욱 예스럽다. 대(臺)와 단(壇)과 오(塢)의 이름으로 기다림의 자리, 화목의 자리, 사색의 자리들을 만들고 있다.

계류가 흐르는 자연 암반의 공간에는 목욕하는 조담, 유상곡수연을 하는 웅덩이, 달 구경하는 광석, 거문고 타는 바위, 바둑 두는 상암, 낮잠 자는 바위, 바람 쐬는 걸상바위 등이 배치되어 있다.

연못에는 순채를 심고 고기를 길렀는데 나무홈대로 물을 대었다. 수로를 만들어 작은 관상용 물레방아를 설치하였고, 가산도 있었다. 대숲에는 산새가 날아들었으며, 집 안에는 오리도 길렀고, 먼 곳에서 갈매기도 날아들었다. 조경 식물로는 매화나무, 배롱나무, 단풍나무, 소나무, 난, 파초, 치자, 국화, 동백나무, 측백나무, 오동나무, 은행나무, 살구나무, 버드나무, 대나무, 느티나무, 연꽃, 순채가 있었다.

소쇄원의 작은 공간은 온 우주를 다 담았던 시의 세계였다. 그러기에 봉황도 날아올 수 있었고 무릉도원의 별천지도 전개되었다. 소쇄원을 진실로 감상하기 위해서는 현장에 보이는 사물과 시상 속에 펼쳐진 상념의 세계를 같이 볼 줄 알아야 한다.

부록

소쇄원과 관련된 문헌 및 그림

「소쇄원도」

「소쇄원도」는 가로 36센티미터, 세로 25센티미터의 목판에 양각으로 새긴 것이다. 목판의 상단에는 「사십팔영」의 시제가, 그 밑에는 「소쇄원도」가 장방형 구획 속에 새겨져 있다. 오른쪽에는 구획선 밖으로 위에서 아래로 '창암촌 고암동 소쇄원 제월당 광풍각 오곡문 애양단 대봉대 옹정봉 황금정 유우암 선생 수필(蒼巖村鼓巖洞瀟灑園霽月堂光風閣五曲門愛陽壇待鳳臺瓮井峰黃金亭 有尤庵先生手筆)'이라고 새겨져 있다.

그리고 목판 왼쪽 외곽에는 '숭정기원후삼을해청화하완간 우창평절등재 재즉죽림(崇禎紀元後三乙亥淸和下浣刊于昌平絶等齋齋卽竹林)'이라 새겨져 있다.

오른쪽 외곽에 위에서 아래로 내려 쓴 것은 소쇄원이 있는 마을의 동(洞)과 소쇄원 속에 있는 건물의 단과 대와 동산의 이름이다. 이것을 약간 작은 글씨로 '유우암 선생 수필'이라고 한 것으로 보아 이들 건물의 현판이나 오곡문 등 구조물의 현판 글씨 속에 송시열의 글씨가 있음을 추측할 수 있다. 지금 담장에 붙어 있는 '오곡문', '애양단', '소쇄처사양공지려'의 한문 글씨가 모두 송시열의 글씨이다.

송시열은 1685년 5월 양진태의 부탁으로 고암의 행장을 쓰게 되었다. 『소쇄원사실』에 보면 양진태의 「소쇄원」이란 시에 '우암 선생의 수필이 있어 폭류암의 남쪽에 새겼다'라는 기록이 있다. 이 시기에 송시열의 글씨가 소쇄원에 많이 들어오게 된 것 같다.

「소쇄원도」의 목판 왼쪽의 기록인 '숭정기원후삼을해청화하완간'은 1755년 4월 하순에 간행한 목판임을 알려 준다. 「소쇄원도」의 그림은 입면도와 평면도가 혼합된 그림인데 사방으로 돌려보면 보는 방향에 따라 건너다 보이는 공간이 정면으로 나타나게 그려져 있다. 이것은 옛 지도나

의궤도(儀軌圖) 등에서 흔히 볼 수 있는 기법이다.

「소쇄원도」는 계곡의 양쪽에서 바라볼 수 있게 하였으며 이동하는 시점과 관련시켜 그렸다. 오곡류의 계곡은 대체로 평면도 형식이고, 서쪽 언덕은 입면도이며, 동쪽 언덕은 입면도와 평면도의 혼합이다. 부감법(俯瞰法)이나 원근법에 의하지 않고 단순화한 기록화적 성격을 가진 건물의 위치와 규모 및 주위 환경과의 상호 관계를 문자 등으로 잘 설명해 주며, 일정한 구역 내의 배치 상황을 외형적인 건물의 입면도 또는 평면도를 나열하는 형식을 통해 구조물과 주변 환경의 형태, 위치, 규모 및 상호 관계를 자세히 보여 준다.

「소쇄원도」를 보면 약 3,000여 평의 좁은 공간인 담 안에 「사십팔영」의 내용을 빠짐없이 배치하고 있다. 특히 문자를 통해 시의 내용을 전달하고 있어 기록적 성격을 지닌다.

「소쇄원도」는 양산보가 죽고 고암정사와 부훤당이 건립된 뒤의 그림으로 1570년 이후의 소쇄원의 모습이 새겨져 있다. 「사십팔영」의 시를 내용으로 하기 때문에 소쇄원의 원형을 보존하기 위해 그려진 그림이라고도 할 수 있다.

조원의 유적이란 수목이 자라고 건물이 퇴락되어 주기적으로 보수하거나 수경(修景)하지 않으면 안 되는 공간이다. 더구나 1597년 정유재란 때 소쇄원이 폐원이 되다시피 하였고 1614년 양천운에 의해 다시 복구되었는데 1755년 목판에 새긴 「소쇄원도」는 어느 때 그린 그림인가에 의문이 생긴다.

『소쇄원사실』에 양진태가 「소쇄원도」를 배경회에게 보내는 기록이 있다. 「소쇄원도」를 받은 배경회는 '양내숙의 소쇄원도의 시에 차운하다'란 시(1672년)를 보낸다. 그 시 내용을 보면 '그대 선원(先園)의 그림 얻으니/ 원림(園林)의 면면이 같아 보이네'라고 답하고 있다.

이를 보면 목판 「소쇄원도」가 간행되기 전에 소쇄원에는 「소쇄원도」가

전해지고 있었음을 알 수 있다.

지금 전하고 있는 목판 「소쇄원도」는 1755년경의 소쇄원의 모습이 아니라고 여겨진다. 고암정사가 건립되고 180여 년이 지났는데 「사십팔영」의 내용과 같은 모습이 그대로 남아 있을 수는 없기 때문이다.

「소쇄원도」는 후손에게 소쇄원의 원형을 보존하도록 남긴 그림이다. 양진태가 배경회에게 보낸 「소쇄원도」는 1755년 4월 하순에 와서 영구히 보전하기 위해 목판에 새긴 것으로 볼 수 있다. 「소쇄원도」의 뒷면에는 제주도의 고(高), 양(梁), 부(夫) 씨의 삼성묘도(三姓廟圖)가 그려져 있다.

「사십팔영」

제1영 '자그마한 정자 난간에 기대어(小亭憑欄)'

소쇄원의 가운데 경치가
소쇄정에 통틀어 모였네.
쳐다보면 시원한 바람 나부끼고
귀기울이면 영롱한 물소리 들리네.
瀟灑園中景　渾成瀟灑亭
擡眸輪颯爽　側耳聽瓏玲

제2영 '개울가에 누운 글방(枕溪文房)'

창이 밝으면 책을 읽으니
물 속 바위에 책이 어리 비치네.
한가함을 따라서 생각은 깊어지고
이치를 깨침은 '연비어약(鳶飛魚躍)'의 경지에 들었네.
窓明籤軸淨　水石暎圖書
精思隨偃仰　妙契入鳶魚

제3영 '가파른 바위에 흐르는 물(危巖展流)'

계류는 바위를 씻어 흐르는데
한 바위가 온 골짜기를 덮고 있구나.
흰 깃을 중간에 편 듯이

비스듬한 벼랑은 하늘이 깎은 바로다.
溪流漱石來　一石通全壑
匹練展中間　傾崖天所削

제4영 '산을 지고 앉은 자라바위(負山鼈巖)'

등뒤엔 겹겹의 청산이요,
머리를 돌리면 푸른 옥류(玉流)라
긴긴 세월 편히 앉아 움직이지 않고
대(매대)와 각(광풍각)이 영주산보다 낫구나.
背負靑山重　頭回碧玉流
長年安不扞　臺閣勝瀛州

제5영 '돌길을 위태로이 오르니(石逕攀危)'

길은 하나련만 삼익우(三益友)가 잇달아
오르는 사이에 위태로움 느끼지 못하네.
워낙 세속의 인간은 근접을 못하는 곳
이끼 색은 밟혀도 또다시 푸르구나.
一逕連三益　攀閑不見危
塵蹤元自絶　苔色踐還滋

제6영 '작은 못에 물고기 노닌다(小塘魚泳)'

한 이랑이 못 되는 방지(方池)
애오라지 맑은 물이 잔잔히 놀이 치네.

주인의 그림자를 물고기가 희롱하니
낚싯줄 드리울 맘이 없구나.
方塘未一畝　　聊足貯淸漪
魚戲主人影　　無心垂釣絲

제7영 '나무홈대를 통하여 흐르는 물(刳木通流)'

샘물이 졸졸 흘러들어
높낮은 대숲 아래 못으로 흘러내려
떨어지는 물줄긴 물방아를 돌리는데
온갖 물고기가 흩어지며 노네.
委曲通泉脉　　高低竹下池
飛流分水碓　　鱗甲細參差

제8영 '구름 위로 절구질하는 물레방아(春雲水碓)'

온종일 졸졸 흐르는 물의 힘으로
방아는 저절로 공을 세우네.
경치는 천손(직녀)의 비단인 양 곱고
찧는 소리에 책장이 넘어가네.
永日潺湲力　　春來自見功
天孫機上錦　　舒卷擣聲中

제9영 '대숲 사이에 위태로이 걸친 다리(透竹危橋)'

큰 대숲을 뚫고 골짜기에 걸쳐 놓아

우뚝하기가 허공에 뜬 것 같다.
숲과 못은 워낙 아름답지만
다리가 놓이니 더욱 그윽하네.
架壑穿脩竹　臨危似欲浮
林塘元自勝　得此更淸幽

제10영 '대숲에 부는 바람소리(千竿風響)'

저 아득한 곳으로 사라졌는데
다시 이 고요한 곳으로 불어오니
무정한 바람과 대나무는
밤낮 생황을 분다네.
已向空邊滅　還從靜處呼
無情風與竹　日夕奏笙竿

제11영 '연못가에서 더위를 식히니(池臺納凉)'

남녘의 더위가 괴로운데
오직 이곳만은 서늘한 가을이네.
바람이 흔드는 누대 곁의 대숲
연못물은 나뉘어 돌 위로 흐르네.
南州炎熱苦　獨此占凉秋
風動臺邊竹　池分石上流

제12영 '매대에 올라 달을 맞으니(梅臺邀月)'

숲 끝의 매대는 그대로 넓은데
달이 떠오를 때엔 더욱 좋아라.
엷은 구름도 흩어지고
차가운 밤 얼음에 비치는 그 자태.
林斷臺仍豁　　偏宜月上時
最憐雲散盡　　寒夜映氷姿

제13영 '광석에 누워 달을 보니(廣石臥月)'

밝은 하늘 달 아래 이슬 받으며
너럭바위 돗자리 대신이로세.
긴 숲이 흩날리는 맑은 그림자
밤이 깊어도 잠을 이룰 수 없네.
露臥靑天月　　端將石作筵
長林散淸影　　深夜未能眠

제14영 '담장 밑을 통해 흐르는 물(垣竅透流)'

걸음마다 흘러가는 물결을 보며
거닐면서 시를 읊으니 생각이 더욱 그윽해.
물의 근원이 어디인지 아직 모르고
한갓 담장을 통해 흐르는 물만 바라본다.
步步看波去　　行吟思轉幽
眞源人未沂　　空見透墻流

제15영 '은행나무 그늘 아래 굽이치는 물(杏陰曲流)'

지척에서 졸졸 흐르는 물
분명 다섯 굽이로 흘러내리네.
그해 물가에서 말씀한 뜻을
오늘 은행나무 아래서 찾아보는구나.
咫尺潺湲地　分明五曲流
當年川上意　今日杏邊求

제16영 '가산의 풀과 나무(假山草樹)'

산을 만듦에 사람의 힘을 들이지 않고
만든 산을 가산이라 하더라.
형세를 따라 수림이 되고
의연한 산야인 것을.
爲山不費人　造物還爲假
隨勢起叢林　依然是山野

제17영 '하늘이 이룬 솔과 돌(松石天成)'

높은 묏부리에서 굴러온 바위에
몇 자 안 되는 솔이 뿌리를 내리네.
송화(松花) 몸에 만발하며
기세는 하늘의 푸르름을 지녔고녀.
片石來崇岡　結根松數尺
萬年花滿身　勢縮參天碧

제18영 '돌에 두루 덮인 푸른 이끼(遍石蒼蘚)'

늙은 돌에 촉촉한 구름이 자욱하니
푸르디 푸른 이끼가 꽃인 양 하여라.
다른 언덕과 골짜기마다
번화함이 없이 그 뜻이 고절하다.
石老雲煙濕　蒼蒼蘚作花
一般丘壑性　絶意向繁華

제19영 '걸상바위에 고요히 앉아(榻巖靜坐)'

벼랑 끝에 빈 마음으로 오래 앉으니
말끔히 씻어 주는 계곡의 바람 불어
무릎 상할까 두렵지 않고
한갓 구경만 하는 늙은이로다.
懸崖虛坐久　淨掃有溪風
不怕穿當膝　偏宜觀物翁

제20영 '맑은 물가에서 거문고를 비껴 안고(玉湫橫琴)'

거문고 타기가 쉽지 않으니
온 세상을 찾아도 종자기(鍾子期)가 없구나.
한 곡조가 물 속 깊이 메아리치니
마음과 귀가 서로 알더라.
瑤琴不易彈　擧世無鐘子
一曲響泓澄　相知心與耳

제21영 '스며 흐르는 물길따라 술잔을 돌리니(洑流傳盃)'

물이 도는 바윗가에 둘러앉으면
소반의 채소 안주라도 흡족하다.
소용돌이 물결에 절로 오가니
띄운 술잔 한가로이 주고받거니.
列坐石渦邊　　盤蔬隨意足
洄波自去來　　盞罕閑相屬

제22영 '평상바위 위에서 바둑을 두니(床巖對棋)'

바위 기슭의 넓고 평평한 곳에
대숲이 그 절반을 차지했구나.
손님이 와서 바둑을 두는데
어지러운 우박이 허공에 흩어지네.
石岸稍寬平　　竹林居一半
賓來一局碁　　亂雹空中散

제23영 '긴 계단을 거니노라면(脩階散步)'

티끌 많은 세상의 잡념을 버리려
자유로이 계단 위를 거닐었다네.
한가로운 마음을 시로 읊으니
읊으면서 속된 일을 잊게 되구나.
澹蕩出塵想　　逍遙階上行
吟成閑箇意　　吟了亦忘情

제24영 '느티나무 옆의 바위에 기대어 졸다(倚睡槐石)'

몸소 느티나무 옆의 바위를 쓸고
아무도 없이 홀로 앉아서
졸다가 문뜩 놀라 일어나니
개미왕에게 알려질까 두려워.
自掃槐邊石　　無人獨坐時
睡來驚起立　　恐被蟻王知

제25영 '조담에서 멱감다(槽潭放浴)'

못 물은 깊고 맑아 바닥이 보이는데
멱감고 나도 여전히 푸르구나.
세상 사람들은 이 좋은 곳을 믿지 않지만
뜨거워진 바위에 오르니 발에 티끌 하나 없구나.
潭清深見底　　浴罷碧粼粼
不信人間世　　炎程脚沒塵

제26영 '가로지른 다릿가의 두 소나무(斷橋雙松)'

콸콸 물은 층계진 돌을 돌아 흐르는데
다릿가의 두 그루 솔이 섰구려.
남전[藍田, 중국 섬서성 서안시 동남방에 있는 고을 이름으로 당나
라 문장가 한유(韓愈)가 「남전현승청벽기(藍田縣丞廳壁記)」를 지은
것이 있는데 이를 인용하여 오히려 남전보다 여기가 더 유유자적하
다는 뜻을 담고 있다]엔 오히려 일이 있어서
다툼이 이 조용한 곳에도 이르겠네.
瀯瀯循除水　　橋邊樹二松

藍田猶有事　　爭急此從容

제27영 '비탈길에 흩어진 솔과 국화(散崖松菊)'

북녘재(서울쪽)는 층층이 푸르고
동녘 울밑에 군데군데 누런 국화
벼랑가에 마구 심어 놓은 것들이
늦가을 서리 속에 어울리구나.
北嶺層層碧　　東籬點點黃
緣崖雜亂植　　歲晚倚風霜

제28영 '돌받침 위에 외롭게 핀 매화(石趺孤梅)'

매화의 빼어남을 곧바로 말하자면
돌에 내린 뿌리가 볼 만하구나.
맑고 잔잔한 물가에
성긴 그림자 황혼에 곱다.
直欲論奇絶　　須看挿石根
兼將淸淺水　　疎影入黃昏

제29영 '오솔길의 왕대숲(夾路脩篁)'

줄기는 눈 속에서도 곧고 의연한데
구름 실은 높은 마디는 가늘고도 연해
속대 솟고 겉껍질 벗으니
새줄기는 푸른 띠 풀고 나온다.

雪幹挓挓直　　雲梢嫋嫋輕
扶藜落晚蘀　　解帶繞新莖

제30영 '돌 틈에 서려 뻗은 대 뿌리(迸石竹根)'

서리맞은 뿌리가 속세를 싫어하나
자꾸만 돌 위로 드러나네.
몇 해나 길렀더냐 어린 자손처럼
곧은 속은 갈수록 굳어간다네.
霜根耻染塵　　石上時時露
幾歲長兒孫　　貞心老更苦

제31영 '벼랑에 깃들인 새(絶崖巢禽)'

벼랑가에 펄펄 나는 새들
때로는 물 속에 내려 놀고
마음대로 마시고 쪼으면서
잊다마다 백구(갈매기)에 값하는 것을.
翩翩崖際鳥　　時下水中遊
飲啄隨心性　　相忘抵白鷗

제32영 '해 저문 대밭에 날아든 새(叢筠暮鳥)'

돌 위의 대나무 두어 그루는
상비(湘妃)의 눈물자국 아롱졌구려.
산새는 그 한을 알지 못하고

저물 무렵 스스로 돌아올 줄 안다.
石上數叢竹　　湘妃餘淚斑
山禽不識恨　　薄暮自知還

제33영 '산골 물가에서 졸고 있는 오리(壑底眠鴨)'

하늘은 신선의 계교와 부합하며
맑고 찬 한 줄기 산골 도랑
하류에선 서로 섞여 흐르네.
오리들이 한가로이 졸고 있구나.
天付幽人計　　清冷一澗泉
下流渾不管　　分與鴨閑眠

제34영 '세찬 여울가에 핀 창포(激湍菖蒲)'

전하여 듣자니 시냇가의 풀은
아홉 가지 향기를 머금었다고
여울물도 날마다 뿜어 올려져
한가로이 더위를 삭히어 주네.
聞說溪傍草　　能含九節香
飛湍日噴薄　　一色貫炎凉

제35영 '처마에 비스듬히 핀 사계화(斜簷四季)'

정작 꽃 중의 꽃은
청화(淸和)함이 사시에 갖추어 있는

띠집의 비스듬한 처마가 다시 좋아하고
매화와 대나무가 이 서로 아는 꽃.
定自花中聖　清和備四時
茅簷斜更好　梅竹是相知

제36영 '복사밭에 봄이 찾아드니(桃塢春曉)'

봄이 복사꽃 밭에 찾아드니
붉은빛이 새벽 안개 속에 낮게 퍼진다.
바윗골 속에 취해 있으니
마치 무릉도원을 거니는 것 같구나.
春入桃花塢　繁紅曉霧低
依微巖洞裏　如涉武陵溪

제37영 '오동나무 대에 드리운 여름 그늘(桐臺夏陰)'

바위 벼랑에 늙은 가지 드리웠고
이슬과 비를 맞아 언제나 맑고 시원해.
태평성대 누리며 오래 살아서
남녘 바람 지금까지 불어오누나.
巖崖承老幹　雨露長清陰
舜日明千古　南風吹至今

제38영 '오동나무 그늘 아래로 쏟아지는 물살(梧陰瀉瀑)'

드문드문 푸른 잎 그늘 아래로

어젯밤 시냇가에 비가 내렸네.
성난 폭포수가 나뭇가지 사이로 쏟아지니
마치 흰 봉황이 춤추는 것 같구나.

扶疎綠葉陰　　昨夜溪邊雨
亂瀑瀉枝間　　還疑白鳳舞

제39영 '버드나무 개울가에서 손님을 맞으니(柳汀迎客)'

손님이 와서 대막대기를 두드리니
몇 번 소리에 놀라 낮잠을 깨어
의관을 갖추고 맞으러 가니
벌써 말을 매고 개울가에 서 있네.

有客來敲竹　　數聲驚晝眠
扶冠謝不及　　繫馬立汀邊

제40영 '개울 건너 핀 연꽃(隔澗芙蕖)'

깨끗이 심어져 범연치 않은 꽃
고운 자태는 멀리서 볼 만하네.
향기로운 바람이 골을 가로질러
방에 스며드니 지란(芝蘭)보다 더 좋구나.

淨植非凡卉　　閑姿可遠觀
香風橫度壑　　入室勝芝蘭

제41영 '못에 흩어진 순채싹(散池蓴芽)'

장한(張翰)이 강동으로 돌아간 뒤
이 풍류를 아는 이 그 누구런가.
농어회를 미처 마련 못했으니
오래오래 물에 뜬 순채만 보소.
張翰江東後　風流識者誰
不須和玉膾　要看長氷絲

제42영 '골짜기 시냇가에 핀 백일홍(襯澗紫薇)'

세상에 모든 꽃이
도무지 열흘 가는 향기가 없네.
어찌하여 시냇가의 저 백일홍은
백날이나 붉게 아름다운가.
世上閑花卉　都無十日香
何如臨澗樹　百夕對紅芳

제43영 '빗방울이 두드리는 파초(滴雨芭蕉)'

빗방울이 은화살같이 쏟아지니
너울거리며 푸른 비단 춤을 추네.
향수 어린 고향 소리엔 비할 수 없어
그냥 안타까워라, 고요한 마음만 깨다니.
錯落投銀箭　低昂舞翠綃
不比思鄕聽　還憐破寂寥

제44영 '골짜기에 비치는 단풍(暎壑丹楓)'

가을이 오니 바위 골짜기 서늘도 하고
단풍잎은 이른 서리에 놀랐구나.
고요하게 노을빛이 흔들리는 속에
춤추는 듯 그 모습이 거울에 비친다.
秋來巖壑冷　楓葉早驚霜
寂歷搖霞彩　婆娑照鏡光

제45영 '넓은 뜰에 깔린 눈(平園鋪雪)'

어둑하여 산과 구름 알 수가 없네
창을 여니 동산에 눈이 가득하구나.
계단도 구별 없이 멀리까지 하야니
부귀가 여기까지 이르다마다.
不覺山雲暗　開窓雪滿園
階平鋪遠白　富貴到閑門

제46영 '흰 눈을 인 붉은 치자(帶雪紅梔)'

일찍이 여섯 잎 꽃이 피더니
향기가 가득하다 야단들이네.
붉은 열매 푸른 잎새 숨어 있더니
맑고 고와 눈서리가 사뿐 앉았네.
曾聞花六出　人道滿林香
絳實交靑葉　淸姸在雪霜

제47영 '볕이 든 단의 겨울낮(陽壇冬午)'

단 앞 개울은 아직 얼었으나
단 위의 눈은 모두 녹았네.
팔 베고 길게 누워 볕든 경치를 바라보니
한낮의 닭 울음은 다리까지 들리네.
壇前溪尙凍　　壇上雪全消
枕臂迎陽景　　鷄聲到午橋

제48영 '긴 담에 걸려 있는 노래(長垣題詠)'

긴 담이 백 자[百尺]나 가로 뻗었는데
일일이 신시(新詩)를 베껴 놨더니
마치 병풍을 두른 것 같네.
비바람의 장난일랑 일지 말아라.
長垣橫百尺　　一一寫新詩
有似列屛障　　勿爲風雨欺

「소쇄공 행장」

　서석(무등산)의 북쪽에 옛적에 한 선비가 조용히 살고 있었는데 그 사람이 바로 소쇄원 선생이다. 선생은 양(梁) 씨, 이름은 산보(山甫), 자는 언진(彦鎭)이다. 중종과 명종 때 벼슬길에 나아갈 기회가 있었으나 이를 거절하고 오직 세상의 폐단을 바로잡고 덕을 세우는 데 힘쓴 선비이다. 지금으로부터 100여 년 전의 일이나 그가 남긴 책이나 업적은 남쪽에 사는 사람이면 누구나 외워 읽고 있어서 듣기 싫을 정도이다.

　이제 그 집에 전하여 내려온 문집이나 그가 남긴 언행에 대한 상세한 기록들을 보니 전에 들은 소문이 헛소문이 아니었음을 확실히 알게 되었으니 감개무량한 심정으로 큰 한숨을 쉬며 그의 행적을 더듬어 보았다.

　양씨의 시조는 제주에서 탄생하였으니 양(良), 고(高), 부(夫) 세 사람이 한라산에 내려와 제주도를 셋으로 나누어 살게 된 것이 단군 때 일이라 한다. 그뒤 양(良)을 양(梁)으로 고쳤으며 신라 때 순(洵)이라는 사람이 바다 건너 신라에 와서 과거에 급제하여 한림학사가 되었다가 돌아가시게 되어 탐라군(耽羅君)에 봉작되었고 고려 때 준(峻)이라는 사람이 또한 섬에서 나왔는데 이때 상서로운 별이 빛났었기에 성주(星主)라 불리었다. 또한 순과 준이 계속하여 문과에 급제하여 모두 직문한서(直文翰署)의 벼슬을 지냈는데 순은 나중에 찬(讚)이라는 사명(賜名)을 받았다. 다음에 석재(碩材)는 전직사서(殿直司書)가 되었고 한현(漢賢)은 재능이 있었으나 벼슬을 하지 않았다. 제(鵜)는 판서운관사(判書雲觀事)였으며, 조선조에 들어와 사위(思渭)가 학문과 행실이 두드러져 유학교도가 되었다.

　그뒤로 발(潑)이라는 분이 선생의 증조부이다. 조부는 윤신(允信)인데 두 사람 모두 별다른 활동을 하지 않았다. 부친인 사원(泗源)은 숨은 덕이 많았고 또한 인(仁), 의(義), 예(禮), 지(智), 신(信), 낙(樂)의 6행

이 뛰어나 고을에서 천거되어 종부시(宗簿寺) 주부(종6품)의 벼슬을 받았
으나 취임하지 않았다. 호를 창암(蒼巖)이라 하였다. 그는 병조참의의 증
직 벼슬을 한 신평인 송복천(宋福川)의 딸이며, 헌납 벼슬을 한 송희경
(宋希璟)의 증손녀와 결혼하였는데 계해(癸亥) 생이다.

선생은 출생한 때부터 총명하고 단정하고 정직하고 얼굴이 잘 생겼었다.
어렸을 때부터 글을 읽을 줄 알아서 그 글의 참뜻을 깨달아 알았고 장성함
에 따라 높고 원대한 뜻을 품고 힘써 글공부를 하므로 아버지 창암공이 크
게 기뻐하며 사랑하였다. 나이 겨우 열다섯 되던 해 아버지가 정암(靜菴)
조광조(趙光祖) 선생에게 데리고 가서 그 밑에서 글공부를 할 수 있도록
하여 달라했더니 정암 선생이 기특하게 여겨 쾌히 승낙하고 『소학(小學)』
책을 주시면서 그것부터 공부하도록 하였다. 그때에 청송(聽松) 성수침
(成守琛)과 성수종(成守琮) 형제가 같이 수학하였는데 처음 한눈에 보더
니 존경할 만한 벗이로구나 하며 친근하게 지냈다. 그러니 다른 친구들에
게는 더욱 존경받으며 지냈다.

2년 후인 기묘년에 중종이 조광조의 제자들 가운데에서 합격자를 뽑으
려 할 때 선고관(選考官)이 이미 뽑은 급제자가 많으니 오히려 삭제해야
겠다 하여 숫자를 줄여 뽑는 바람에 그만 공의 이름이 삭제되고 말았다.
중종이 심히 안타깝게 생각하며 불러보시고 위로의 말씀을 하시면서 종이
를 하사하셨다. 그해 겨울에 사화가 일어나 조광조가 괴수가 되었다 하여
조광조를 비롯하여 많은 관리와 선비들이 사사를 당하였다. 이때 선생의
나이 겨우 열일곱에 불과한 때인데 이러한 일을 당하고 보니 그 원통함과
울분을 참을 수가 없어서 세상 모든 것을 잊고 산에나 들어가서 살아야겠
구나 결심하고 산수 좋고 경치 좋은 무등산 아래에 자그마한 집을 지어 소
쇄원이라 이름하고 두문불출하며 한가로이 살 것을 결심하였다. 그리고 스

스로의 호를 소쇄옹이라 하였다. 이로부터 수십 년 동안 많은 무리들이 간악하고 제멋대로 나쁜 짓을 하는 세상이 되어 그 폐단이 더욱 심해가니 선생은 처음 가졌던 마음을 더욱 굳건히 하고 행여나 벼슬 같은 것은 꿈에도 마음에 두지 않았다. 조정에서는 자꾸 숨어 있는 일꾼들을 찾는 중에 소쇄공을 찾아 여러 번 벼슬길에 나갈 것을 권해 왔으나 끝끝내 버티어 나가려 하지 않고 평안하고 한가롭게 산중 숲속에서 사람이 지켜야 할 도리를 연구하고 밝히는 일로 깨끗하고 고요함에 만족하며 30여 년 동안을 시름없이 살았다.

아아! 이 어찌 그 행동이 뛰어나다 아니할 수 있으며 극진하다 아니 할 수 있겠는가! 기어이 한 번 가면 못 오는 길을 떠났으니 안타깝고 슬픈 일이다.

선생은 본래 덕성이 높은 데다 또한 조용한 곳에서 오랫동안 학식을 함양했으니 알차고 참된 인격자로서 호남에서 위대한 선비로 존경받는 인물이 된 것이다. 안에서는 부모에 대한 효성이 지극하여 언제든지 부모 곁에 있으면서 환한 얼굴로 부모님 말씀에 순종하며 조석으로 인사드리는 것을 게을리하지 않았다. 일찍이 말하기를 "사람에 있어서 부모에게 효도하는 것보다 더 큰 것이 없다" 하였으며 "사람의 자식된 자로서 부모에게 효도를 못 하는 자를 어찌 사람이라 할 수 있겠느냐"라고 할 정도였다. 한편 수백 마디로 된 「효부(孝賦)」를 지어 효에 대한 근본 정신과 사상을 밝혔다. 더욱이 순한문에 밝지 아니한 일반 대중도 읽고 이해할 수 있도록 한글로 새겨 적는 등 세심한 주의를 기울였기 때문에 퍽 감동적인 책이라 아니할 수 없다. 선생은 재상을 지낸 송순 선생의 내제(內弟, 어머니의 친정 조카)이다. 이분이 이 책을 보고 "효행에 대한 이치를 깊이 이해하지 못하면 이를 실천하기는 어렵겠다" 하였고 하서 김인후 선생도 역시 송순 선생의 말이 맞다 하며 「효부」에 준하는 글을 지었다.

선생은 평소 집에 있을 때에도 항상 몸가짐을 단정히 하였고 예의에 어긋남이 없었으며 말과 행동이 모두 법칙과 일치하는 생활을 하고 실천하였는데 예를 들면 상사(喪事)를 당하였을 때 또는 제사를 모실 때에도 오로지 예부터 전해 내려오는 예법에 따라서 행하였으며 추호도 소홀함이 없었다.

그 형제간에는 특별히 우애가 깊었고 종족은 물론 이웃간에도 크고 작은 일이 있을 때에는 발벗고 나서서 일을 돌보아 주었다. 선생이 어렸을 때 가까운 곳에 홀로 된 고모가 살고 있었는데 선생은 그의 품에서 자라다시피 하였다.

그런데 그만 그 고모가 죽으니 1년 복을 입었고 또 3년 동안 심상을 하여 그 은혜에 보답하였다. 선생은 평생을 자신을 감추는 것을 좋아하여 남에게 알려지는 것을 원치 않았다. 일찍이 그가 말하기를 "우리 집안은 세세토록 부모에게 효도하고 형제간의 우애로 이름 있는 집안인데 내가 선조들의 가르침을 지키지 못하고 땅에 명예를 떨어뜨리고 세속에 젖어들 수야 있겠느냐" 하였으며 여러 아들들을 한자리에 모아 놓고 "나는 너희들 가운데 누구도 이름 높은 지위에 오르는 것을 바라지 않는다. 한 사람이 유명해지면 다른 사람은 귀한 사람이 못 될 것이 아니냐" 하였다. 하서 김인후가 이 말을 듣고 정말 지당한 말이라 하였다.

하서와는 같은 뜻을 가진 동지로서 친하게 지냈을 뿐 아니라 사돈까지 된 사이인데 늙도록 오가며 서로 만나면 반가워하며 해가 저무는지 달이 밝는지도 모르고 의리에 대하여 그 뿌리부터 더듬어 가며 토론에 열중하고 때로는 술잔을 주고받으며 시를 노래하기도 하였다.

하서 김인후는 소쇄원에 오면 발병난 것처럼 여러 달 동안 돌아갈 줄 몰랐다. 또 명승지라 하여 석천(石川) 임억령(林億齡), 규암(圭菴) 송인수(宋麟壽), 미암(眉巖) 유희춘(柳希春), 청련(靑蓮) 이후백(李後白) 등이 기꺼이 선생을 따랐는데 그 가운데 석천 임억령이 가장 존경하며 따랐다. 존재(存齋) 기대승(奇大升)이 말하기를 소쇄옹은 겉으로는 부드러운 것 같으나 내심은 강직한 사람이다 하며 만사를 낙관하는 군자라 하였다. 태헌 고경명도 내가 어렸을 때 소쇄옹을 알게 되었는데 그 얼굴이 얼마나 아름다운지 내가 얼마나 못생겼는가 하는 생각을 하였고 정송강은 말하기를 소쇄옹을 대할 때마다 마음속에 상쾌함을 느꼈다고 하였다.

　선생은 『소학』을 굳게 믿고 모든 학문의 기초로 삼았고 다음으로 사서(四書)와 오경(五經)을 항상 책상 옆에 두고 공부하였다. 그 가운데 역학(易學)을 깊이 연구하여 천지만물의 강약과 그 발전 과정을 깊이 있게 설파하니 많은 사람들이 모여들어 경청하였다.

　하서 김인후는 "깊은 사색은 잠시도 그침이 없고 이치를 깨침은 연비어약(鳶飛魚躍)의 경지에 들었다" 하였는데 그 말이 과연 믿음직하다.

　대저 선생의 올바른 행위는 모두 그 마음속에서부터 우러나와 한 고을에 퍼졌고 집안의 모든 범절과 법도는 스스로가 먼저 지키고 자손들에게 유전되고 난 다음에야 한 나라 백성들까지 따르게 된 것이다.

　착한 사람이 되고자 하는 사람은 솔선수범하여야 한다. 선비로서 착한 사람이 되고자 하는 사람이 그러하며 그 자식을 교육하고자 하는 사람은 먼저 부모에게 효도하여야 한다는 것을 가르쳐야 할 것이다. 그는 항상 얼굴빛을 부드럽게 유지하였으며, 어떠한 경우에도 노여움이나 욕하는 일이 없었고, 물건에 대해서도 초연하였으니 오늘까지 그를 아는 사람으로서 가난한 사람이나 게으른 사람에게도 깊은 감명을 주고 있다. 그의 자세는 늠름하였으며, 그의 앞에는 성과 길이 있었고, 원만한 인격을 갖추고 있었으니 아무도 따를 수 없는 큰 인물이라 아니할 수 없다. 1557년 3월 소쇄원의 안방에서 향년 쉰다섯으로 일생을 마쳤다.

선생은 현감 김후(金翊)의 딸과 결혼하여 세 아들을 낳았으나 선생의 나이 스물다섯에 상처하였는 바 일가 친척들이 재취할 것을 권하였으나 듣지 아니하고 말하기를 "옛적에 증자(曾子)가 후처를 재취하지 않으니 아들 원(元)이 재취할 것을 권하니 증자가 대답하기를 내 이미 선조에게 옳은 일을 못하였고 문중에도 좋은 일을 못하였는데 새삼 재취해서 무엇하겠느냐 하며 끝내 재취를 아니하였으니 성현도 이러하였거늘 내게는 세 아들이 있어 대를 이을 수 있고 제사도 모실 수 있는데 무엇 때문에 또 장가들겠느냐" 하며 끝내 듣지 않았다.

장남 자홍(子洪)은 문장과 행실이 뛰어나 희망을 걸었는데 일찍 죽었다.

둘째아들 자징(子澄)은 호를 고암이라 하였으며 덕행이 뛰어나니 고을에서 천거되어 현감 벼슬을 하였다. 3남 자정(子淳) 또한 학문과 행위가 비범하여 교도(敎導)의 벼슬을 하였다. 호는 지암(支巖)이라 하였다. 딸 하나는 벼슬을 하지 않은 선비인 노수란(盧守蘭)에게 시집보냈다. 부실(副室)에서 난 아들 자호(子湖)는 참봉이 되고 다음 딸은 우후 정붕(丁鵬)의 아내가 되었다.

큰 아들 자홍은 현령인 최대윤의 딸과 혼인하여 천리(千里)와 천심(千尋) 형제를 두었고 둘째아들 자징은 처음 하서 김인후의 딸과 결혼하였으나 아들이 없기 때문에 생원 김송명의 딸을 재취로 맞아들여 3남 3녀를 낳았는데 천경(千頃)과 천회(千會)는 재능과 기개가 뛰어났으나 신묘사화에 뛰어들어 모두 죽었다. 천운(千運)은 진사로 주부의 벼슬을 하였다. 장녀는 오급(吳岌)에게 시집갔으나 난리를 만나 욕보임을 피하여 물에 뛰어들어 죽었고 차녀는 고경명의 의병과 함께 왜군과 싸우다가 진중에서 순직한 안영(安瑛)에게 시집갔다. 다음 여식은 서호갑(徐虎甲)에게 시집갔었다.

셋째아들 자정은 천건(千建)과 천주(千柱)의 2남을 두었으며 여식은 생원 홍경복에게 시집보내어 딸을 낳았고 자호는 김윤충의 딸과 혼인하여 생원 천지(千至)와 진사 천장(千章)을 낳았다. 세월이 오래되어 다른 자손들도 많은 듯하나 여기에 다 기록하지 못한다.

내가 호남 지방을 왕래한 지 이미 오래지만 시골 노인들이 선비의 품행을 즐겨 노래할 사람들은 많으나 그 가운데 선생에 비길 만큼 덕이 높고 고결한 사람을 듣지도 보지도 못하였으니 이 어찌 뛰어나고 위대한 인물이라 아니할 수 있겠는가. 그러기에 위와 같이 선생의 평생의 행적을 적는다. 후세의 여러분은 소쇄공의 행적을 널리 참고하기 바란다.

1678년 3월 완산후인 이민서 삼가 씀

行狀

瑞石之陰有古隱君子曰瀟灑園先生梁公諱山甫字彦鎭生於　中明之際有道而不仕世濟德美至于今百有餘年之後遺風餘烈傳誦於南方人士者不衰不倿蓋嘗飫聞之矣今又得見其家傳所集錄言行之詳益信前所聞者爲之慨然太息想見其爲人也梁氏之先出自耽羅良高夫三人降于漢拏山分長一島世傳當檀君時云其後良淥爲梁新羅時有諱詢者始渡海登科爲翰林學士歸封耽羅君高麗時峻又渡海來仕其來有星瑞故稱星主曰淳曰遵繼登文科皆直文翰署遵後賜名讚曰碩材殿直司書曰漢賢有才不仕曰鶃判書雲觀事曰思渭始入我朝有文行爲儒學訓導有諱潑乃先生曾祖也祖諱允信皆不達考諱泗源有隱德以六行薦授宗簿主簿不就號蒼巖先生娶新平宋氏　贈兵曹參議福川之女卽獻納希璟之曾孫以弘治癸亥生先生先生聰明端直姿禀粹美兒時已知讀書便曉大義稍長有高志遠識自力爲學問蒼巖公奇愛之年十五請於蒼巖公就靜菴趙先生之門受業焉靜菴賞其篤志授以小學時聽松成先生兄弟同在門下見先生稱以畏友間游太學多士敬之後二年己卯　中宗視

學取士先生之文中選考官以所取已多拔之　上甚惜之召見先生慰諭賜紙其
年冬士禍作靜菴爲禍首羣賢皆就戮是時先生年甚少遂絶意仕宦築室於瑞
石山下有園林水石之勝杜門閑居名其居曰瀟灑園自號爲瀟灑翁自是數十
年間羣奸嗣虐世益多故而禍益烈先生歛藏益深而志益堅　朝廷累以遺逸
徵而終不起蓋優游林壑養性講道享清閑之樂保幽貞之吉者三十有餘年嗚
呼是豈一介之行矯矯亢亢往而不返者比哉先生德性素高輔以學識涵養之
久靜守之篤充然自得汪洋浩大玩心高明積中發外及其晚年德成行就蔚然
爲南方之偉人事親有至性在父母之側未嘗不愉容和色順適親意嘗謂人道
莫大於孝而爲人子者不能其所當爲作孝賦數百言闡發本原臚列古訓讀之
有足感動人者宋相國純先生內兄也見之曰非深知孝理而躬行篤好者不能
爲也河西金先生亦以宋公言爲然因次其韻其居家尤謹於禮起居言動皆有
法則至於喪祭一遵古禮必使無一事可憾於心者與其弟友愛篤至敦恤宗族
內外大小無間言有寡姑居近先生幼而育焉及其沒爲服朞且心喪終三年以
報之平生喜自韜晦不欲人知之也嘗曰吾家世有孝友之名及乎吾身凜凜懼
墮先訓至於世俗皎厲取名者吾不敢效之又訓諸子曰吾不欲汝曹爲人所譽
一人譽之則一人必毁之河西聞之以爲至言先生與河西同志相友善且嫁娶
子女往還講說至老不廢每相見欣然讙甚討論義理商確古今或命觴賦詩窮
日夜不厭河西至瀟灑園輒數月忘歸同時名勝如林石川宋圭菴柳眉巖李靑
蓮諸人慕悅相好而石川最善存齋奇公嘗曰瀟灑翁外和而內嚴一見可知其
爲樂易君子高苔軒亦曰吾少時及識瀟灑翁觀其眉宇鄙吝自消鄭臨汀謂人
曰每對瀟灑翁使人襟懷清爽其亦得之矣先生之學篤信小學傍及於四書五
經尤用力於易之剛柔變化消長往來之象深有契焉河西所謂精思隱倔仰妙
契入鳶魚者信矣哉蓋先生行誼脩諸內而信於一鄉家法謹諸身而傳於後嗣
使一邦之人爲士而欲善其身者父焉而欲教其子焉而欲孝其親者皆有所
考信而觀感至其知微知彰色斯其舉不激不汚超然物表百世之下可使貪夫
廉而懦夫立則凜然有郭有道陳仲弓之風豈大雅所稱卓爾不羣者非耶丁巳

三月考終於瀟灑園之正堂享年五十五先生娶縣監金玗之女生三男而早沒
時先生年二十五宗族勸之再娶先生不肯曰昔曾子不娶後妻子元請焉曾子
曰吾上不及吉宗中不及吉甫終不娶聖賢亦然且吾有三男猶可以上承先祀
終不聽男長曰子洪有文行早卒曰子澂號鼓巖以德行薦官縣監曰子淳號支
巖亦有文行官教導女一人適士人盧秀蘭側室子子湖參奉女爲虞侯丁鵬妾
子洪娶縣令崔大潤女生二男千里千尋子澂始娶河西先生女無子再娶生員
金松命女生三男三女曰千頃千會有寸譽立氣節皆死於辛卯士禍曰千運進
士官主簿女長適吳岌遇亂避辱赴水死次適安瑛瑛從高公敬命並死陣中次
適徐虎甲子淳娶某女生二男千達千柱女適生員洪慶復子湖娶金允忠女生
二男曰千至生員千章進士世旣遠矣他子孫甚衆不蓋錄余往來南方盖久喜
誦耆舊所傳高人勝士潛德隱行若先生者尤所謂傑然者於是撮其行義志節
之大者以爲狀俾後之君子有考焉

　崇禎戊午 三月 日 完山後人 李敏敍 謹狀

「소쇄원 계당 중수 상량문」

양천운

　명양현(창평현의 옛이름)의 남쪽 서석산(무등산)의 북쪽에 층층이 돌로 얽어맨 듯한 산봉우리가 둘러 있는데 그 지세가 마치 소반 같은 골짜기라, 거기에서 흘러내리는 물은 맑고 차며 그 경치는 소위 무이구곡(武夷九曲)과도 같다.

　나의 할아버지이신 처사공께서 돌을 쌓아 오목하게 흙을 이겨 담장을 두른 다음 달을 볼 수 있는 곳에 제월당을 지으시고 거기 마루난간에 기대어 앉아 술을 마시며 시원한 바람을 쐬고 동산의 아름다운 경치를 시름없이 즐기셨다.

　졸졸 소리를 내며 흐르는 개울가의 바위에다는 '봉황을 기다린다' 는 뜻을 지닌 대봉대를 세우셨으며, 그 옆의 언덕에는 관덕사라는 사랑채를 지으시고 그 마루 끝 층계 밑에는 매화나무며 단풍나무 같은 것을 조성하였다.
　다시 낭떠러지 같은, 얼른 보기에는 위험한 곳에 축대를 쌓아 곁채를 지으시어 대청과 방을 마련하셨다(광풍각).

　한벽산이라는 산은 푸르다 못해 검은 소나무들이 빽빽히 들어차 있는데 그 골짜기에 걸쳐 있는 다리에 작약을 기대었고 누운 듯한 곳에는 애양단을 쌓으셨다. 그 앞으로 콸콸 소리를 내며 흐르는 물은 사람들의 귀를 깨끗이 씻어 주고도 남음이 있다.

이곳을 곧 창암동이라 이름하셨으니 증조할아버지이신 사원(泗源)의 아호라, 돌 하나 나무 한 그루가 사람들의 시정(詩情)을 흔들지 않는 것이 없었으며 그와 어우러져 있는 개울이나 우물을 보고도 감탄하여 글과 시들을 지었다.

대밭을 통해 오솔길을 거닐고 개울물이 흘러내리다 잠시 쉬어 멈추어 있는 곳에는 연못을 이루고 가마솥에서 나는 연기는 산봉우리에 병풍을 둘러친 듯 길게 뻗어 있으니 한 폭의 그림이 아닐 수 없다.

오솔길을 지나 등넝쿨이 뻗어 있는 곳에는 간혹 사람이 지나다닌 발자취가 드문드문 눈에 띄나 다른 곳에는 사람의 그림자는 찾아볼 수도 없고 이따금씩 다람쥐가 손님의 가슴을 놀라게 할 따름이었다.

"구름이 사라진 고암을 등뒤에 엎고 서 있노라면 봉래산이 어디이며 무릉도원이 또 어디란 말인가."

말라죽은 오동나무 밑에서 여우가 놀고 있다가 인기척에 놀라 제풀에 도망친다.

맑은 못에서 한 줌의 물을 훔쳐 얼굴을 씻으니 마음조차 깨끗해진다.

여름날의 오동(梧桐) 잎은 푸른 양산을 펴놓은 듯 바람에 떨고 있고 드문드문 대나무 그림자는 잔잔한 가을 석양을 더욱더 아름답게 수놓는다.

100척도 넘는 길 담장은 세상의 시끄러움을 막아주어 고요하기 그지없고 신맛나는 막걸리 두어 잔이면 항아리에 잠긴 세월의 찌꺼기까지 깨끗하게 한다.

아! 여기 이곳을 두고 별유천지(別有天地)란 말이 생긴 것이 아니겠는가!

주인이 김공과는 절친한 사이여서 이따금씩 찾아오면 왜 이리 더디었느

냐며 반가이 맞아주었고 숨돌릴 사이도 없이 책상 앞에 서로 마주앉아서는 주거니 받거니 글과 시를 읊으셨다. 뜰에서 딴 복숭아를 안주 삼아 쟁반에 놓인 술잔을 기울이실 때면 걱정 근심 다 잊으시고 오직 즐거움으로 담소하셨는데……

아~ 이제 영원히 가셔 못 오시니 다시 여쭐 말이 없구나. 비록 허술한 울타리 안에 사셔도 항상 즐거움이 샘물 흐르듯 하셨고, 궁색한 밭도랑을 거니시다 넘어져도 오히려 낙으로 아시었다.

금이 가서 방울방울 새는 항아리를 당겨 자작하셨고 조용한 물가를 거닐 때면 물 속의 고기들도 사람을 알아보고 반기었다 하니 외로움을 모르셨다.

그런가 하면 틈만 있으면 자식들을 무릎 밑에 앉혀 놓고 의리(義理)의 중함과 오묘함을 가르치며 세상일에는 털끝 만한 미련도 두지 않던 어른.

어느 하나 시의 대상이 아닌 것이 없는 풀 한 포기, 나무 한 그루의 자연을 손수 가꾸어 그 넓고 높은 뜻을 가슴속에 영원히 간직하며 이 동산에 영원히 살아계시니 오늘날의 우리에게도 참된 삶이 무엇인가를 가르쳐 주시는 것 같다.

그런데 이게 무슨 날벼락인가.

과연 하늘은 무슨 뜻이 있어 이리도 무참한 짓을 한단 말인가. 불에 탈 수 있는 것은 모조리 타서 가시덩굴로 뒤덮여 있고 흙담은 무너져 쑥대밭이 되었으니 책읽고 거문고 퉁기시던 곳은 온데간데가 없구나.

불소자 천운은 재주가 부족하여 집안을 다스릴 재간도 없다. 더구나 사람으로서 반드시 복구해야 할 것임을 번연히 알면서도 오늘까지 이르니 부끄럽기 그지 없다. 그러나 나무를 베어 깎고 다듬어 일으켜 세울 만한 임목(林木)을 구할 길이 막연하여 이날저날 미루다 오늘에 이른 것이다. 그런데 다행히도 이제 임목을 얻게 되었으니 이 어찌 기쁘지 않겠는가.

허물어진 곳을 다시 일으켜 세울 수 있으니 살고 죽는 이치와 무엇이 다르랴. 흥한 때가 있으면 망할 때가 있고 기울면 찰 때가 있으니 이 좋은 기회를 내 어찌 놓칠손가!

우리 모두 힘을 합해 기둥을 다시 세워 옛 어른이 지은 것만큼은 못할망정 깎은 물통부터 큰 기둥 하나까지 빠짐없이 이룩하세나.

이 모든 것은 친구들의 따뜻한 동정과 염려 덕분이니 고맙고 눈물이 날 정도로 감회가 깊다.

그런데 이 큰일을 과연 누구에게 맡길 것인가.

물론 끝까지 해낼 용기도 있어야겠지만 행여나 조상을 욕되게 할 사람이 나타날까 두렵다.

별로 재주는 없으나 내가 감당해야겠다고 다짐하고 스스로 일을 시작하니 책임이 무겁기만 하다.

어랑 어랑 어허야!

부상목(扶桑木, 옛날 중국에서 해가 뜨는 동쪽 바다 속에 있었다고 하는 상상 속의 신선한 나무)으로 대들보를 올렸으니 먼동이 트고 천심에 밝은 햇빛이 우릴 밝힐 것이니 길경(吉慶)이 무궁할지어다.

어랑 어랑 어허야!

대들보의 서쪽은 은하에서 흘러내린 물이 우리집 앞의 석계에 이르렀으니 어떠한 도인이라도 감히 막을 수 없을 것이라.

어랑 어랑 어허야!

대들보를 남쪽에서 보니 한라산에서 불어오는 바람이 삼선산(三仙山)에
서 상서로운 기운 받아오니 앞으로 뻗어나고 어진 인물들이 배출될 것이며
복록 또한 겸할 것이다.

어랑 어랑 어허야!
대들보의 북쪽 하늘에는 북두칠성이 우리집을 비추니 세상 사람들이 충
효로 우리 선조를 이름하였던 만큼 세세토록 우리 후손들은 두손 모아 엎
드려 나라의 번영을 빌 것이라.

상량(上樑)한 후 둘러앉은 손님들이 잔에 술을 가득 부어 내뿜는 영광
과 시문, 예의의 유풍을 영세토록 떨어뜨리지 말 것을 신신당부하였다.
또한 선조 대대로 전해 오는 가풍과 명예 및 이 아름다운 동산을 잘 가
꾸어 달라며 축배를 들었다.

瀟灑園溪堂重修上樑文
卽枕溪文房又光風閣萬曆丁酉爲兵燹所焚甲寅四月重修
梁 千 運

鳴陽縣南瑞石山北層巒繚繞勢如盤谷之幽流水寒淸景同武夷之勝王父處
士公積石爲坳築土爲墻搆霽月之高堂坐飮園中之勝槃結光風之小檻憑狌
石上之寒流爰築待鳳之臺亦有觀德之樹綠階除而種樹或梅或楓架崖广
而開廊有堂有室寒碧山下蒼蒼倚橋之松愛陽壇前瀧瀧循除之水蒼巖名洞
石假有山面面題詩字字寓意泉源走竹水注上下之池石邏綠藤人通出八之
戶烟橫釜嶺作長屛於眠前雲盡鼓山供短障於背後逢萊何處桃源在斯奏枯
桐而孤吟濯淸泉而自潔種竹分疎影增淸飮於秋宵栽梧長綠陰展翠傘於夏
日長垣百尺回隔世上之喧囂濁醪三盃消遣壺中之歲月別有天地非是人間

主人於是乃與金公涵養優遊盤桓酬唱有園桃而殺實盖亦勿思樂考槃之在
阿永矢不告棲遲衡門下聊樂泌之洋洋偃塞田畝間自喜桑者泄泄引壺觴以
自酌逍遙寂寞之濱携子弟而忘憂講劘義理之奧一草一木那免題品之詩某
水某丘莫非釣遊之所何意天翻而地覆竟致屋燹而基傾荊棘蔽途傾頹墁
飾之壁蓬蒿滿目蕪沒絃誦之場不肖子某才不足以克家面有慚於對客是斷
是度斲得組練之材爰始爰謀聊述寧人之志幾年風凌雨震今日澗悅林懽物
之毀物亦以成乃存亡消息之理時有興時亦有廢本盈虛滿缺之機豈
敢曰其奈吾襄不可緩復修祖武上棟下宇非是欲侈於前人小桶大楹
聊以無廢乎舊貫凡在親舊之念想戀悲感之懷嗚呼肯搆肯堂誰是幹
蠱之子乃逸乃諺恐爲忝祖之孫敢效短章聊題脩棟兒郎偉抛樑東扶
桑曉日隱曈曨轉上天心照我屋從知吉慶自無窮兒郎偉抛樑西瀛海
遙通我石溪眞源誰道人難透直泝銀河路不迷兒郎偉抛樑南蓬萊雲
接瀛洲嵐眠底三山呈瑞氣後來賢秀祿應兼兒郎偉抛樑北北斗七星
低屋角人稱忠孝吾先祖世世兒孫宜拱北伏願上樑之後座上客常滿
尊中酒不空若子若孫多有冠冕之貴維蘭維桂不改芳馨之榮永守詩
禮之遺風不墜箕裘之舊業

『유서석록』술기

고경명

　신시(오후 3시~5시)에 소쇄원에 당도하였다. 이곳은 양산보가 조성한 곳이다. 골물이 동쪽 담장을 뚫고 밑으로 흐르는데 물소리도 시원스럽게 아래쪽으로 돌아서 흐른다. 그 위에는 외나무다리가 걸려 있고 다리 밑 물속에는 돌이 깔려 있는데 돌바닥에 천연의 절구가 파여 있다. 이것을 조담이라고 한다. 다시 이 물줄기는 쏟아져 내려 작은 폭포를 만들었으며 폭포수 떨어지는 소리가 거문고를 튕기는 소리처럼 들린다.

　조담 위로는 늙은 솔이 걸쳐 있어서 마치 조담 위에 덮개를 덮어 놓은 것 같다. 폭포의 서쪽에 있는 자그마한 집은 그림배처럼 되었으며 그 남쪽에는 돌을 여러 층으로 높이 쌓아 올렸고 그 뒤에 있는 작은 정자는 일산(日傘)을 펴 놓은 것만 같다.

　정자의 처마 옆에는 가지가 많은 말라버린 큰 벽오동이 서 있고 정자 밑에는 또 못이 파여 있는데 못의 물은 통나무에 홈을 파서 골짜기의 물을 끌어들이고 있다. 못 서쪽에는 큰 대 100여 개가 빽빽이 서 있어서 울창한데 그 아름다움이 옥돌을 즐비하게 세워 놓은 것만 같다.

　대밭 서쪽에 있는 연못에는 돌벽돌로 만든 수로를 통하여 물이 대밭 아래로 돌아 연못에 들어가게 되었으며 여기에다 물레방아를 장치하여 움직이게 해 놓았으니 이 모두가 소쇄원이 아니고서는 볼 수 없는 절경이다. 이곳은 하서의 「사십팔영」으로 다한 바이다.

　주인 양자정이 선생을 위해 술을 대접하였다. (제봉의 『유서석록』에서 출제한 것이다. 1574년 초여름)

述 記

高敬命

晡時投瀟灑園乃梁山人某舊業也澗水來自舍東闢墻通流潺潺循除下上有
略彴略之下石上自成科曰號曰槽潭鴻爲小瀑玲瓏如琴筑聲槽潭之上老松
盤屈如偃盖橫過潭面小瀑之西有小齋宛如畫舫其南累石高之翼以小亭形
如長傘當簷有碧梧甚古枝半朽亭下鑿小池剡木引澗水注之池西有鉅竹百
挺玉立可賞竹西有蓮池甃以石引小池由竹下過蓮池之北又有小碓一區所
見無非瀟灑物事而河西四十詠盡之矣主人梁君子淳爲先生置酒　出霽峯遊
瑞石錄萬曆甲戌初夏

　『유서석록』은 고경명이 마흔한 살 되던 1574년 4월 20일부터 24일까지
5일 동안 당시 광주목사 임훈(林薰)과 함께 무등산을 오른 기행문이다.

참고 문헌

김동찬, 「이조서원 조경에 관한 연구」, 서울대학교대학원, 1976.

담양문화원, 국역『면앙집(俛仰集)』상·하권.

文化財管理局, 『潭陽瀟灑園保存整備計劃 및 設計』1983. 12

소쇄원시선편찬위원회, 『瀟灑園詩選』, 광주 광명문화사, 1997.

이재근, 「조선시대 별서 정원에 관한 연구」, 성균관대학교대학원, 1992.

정동오, 「소쇄원 사십팔영(瀟灑園四十八詠)에 대한 조경사적 측면에서의 연구」, 『전남문화재』 제5집.

――――, 「양산보의 소쇄원에 대하여」, 『한국조경학회지』 제3집, 1973.

――――, 「이조시대 정원에 관한 연구」, 전남대학교대학원, 1974.

정재훈, 『한국 전통의 원』, 조경, 1996.

――――, 「소쇄원」, 『문화재 제18호』, 문화재관리국, 1983.

천득염, 「소쇄원 구성 요소 고찰 - 소쇄원도와 소쇄원 사십팔영을 중심으로」, 『소쇄원시선』에 수록, 1997.

최기수, 「곡과 경에 나타난 한국 전통 경관 구조의 해석에 관한 연구」, 한양대학교대학원, 1989.

한국정신문화연구원, 『한국민족문화 대백과사전』 12.

한국조경학회, 『東洋造景史』, 문운당, 1996.

빛깔있는 책들 102-48

소쇄원

글	—정재훈
사진	—김대벽

발행인	—장세우
발행처	—주식회사 대원사

기획·편집	—김옥자, 박상미, 최명지, 김민정
미술	—조영주, 김지연
총무	—이훈, 이규헌, 정광진
영업	—김기태, 문제훈, 강미영, 이광복
이사	—이명훈

첫판 1쇄 —2000년 1월 25일 발행
첫판 3쇄 —2005년 10월 31일 발행

주식회사 대원사
우편번호/140-901
서울 용산구 후암동 358-17
전화번호/(02) 757-6717~9
팩시밀리/(02) 775-8043
등록번호/제 3-191호
http://www.daewonsa.co.kr.

(빛) 값 13,000원

Daewonsa Publishing Co., Ltd.
Printed in Korea(2000)

ISBN 89-369-0232-0 04540

빛깔있는 책들